U0283754

烧结砖生产实用技术

曹世璞　编著

中国建材工业出版社

图书在版编目（CIP）数据

烧结砖生产实用技术/曹世璞编著.—北京：
中国建材工业出版社，2012.8（2019.5重印）
ISBN 978-7-5160-0198-1

Ⅰ.烧… Ⅱ.①曹… Ⅲ.①砖—烧结—生产技术
Ⅳ.①TU522.06

中国版本图书馆CIP数据核字（2012）第140365号

内 容 简 介

本书用通俗流畅的语言，对生产多孔砖和空心砖原料、成型、干燥、焙烧进行了阐述。还介绍了"隧道窑自动烧窑系统"技术的基本原理、技术性能、应用范围及焙烧火情异常之处理方法。

本书的实用性和操作性很强，可为烧结砖瓦生产企业的相关人员参考借鉴。

烧结砖生产实用技术

曹世璞　编著

出版发行：中国建材工业出版社
地　　址：北京市海淀区三里河路1号
邮　　编：100044
经　　销：全国各地新华书店
印　　刷：北京雁林吉兆印刷有限公司
开　　本：880mm×1230mm　1/32
印　　张：5.25
字　　数：139千字
版　　次：2012年8月第1版
印　　次：2019年5月第6次
定　　价：**30.00元**

本社网址：**www.jccbs.com.cn**
广告经营许可证号：京西工商广字8052号
本书如出现印装质量问题，由我社发行部负责调换。联系电话：(010) 88386906

向砖瓦行业的"老砖头"致以深深的敬礼

——《烧结砖生产实用技术》序

为曹老的新作《烧结砖生产实用技术》一书"审稿"是一件十分愉快的事情，这本饱含着曹老毕生宝贵经验总结的新书，给我提供了一次好好学习的机会。当你逐行仔细阅读的时候，仿佛聆听曹老在用那特有的、浓浓的四川方言对你侃侃而谈一样，简直就是一种享受。

在我们砖瓦行业，曹世璞工程师的名气是很大的，"砖"成为他一生最重要的组成部分，因此大家尊称曹老为"老砖头"，这是行业给予他最高的荣誉，曹老也非常乐意接受这个尊称，并把它印在自己的名片上。由于善于总结和提高，并且融会贯通、博众家之长，曹老在砖瓦行业几十年耕耘，积累了丰富的实践经验，加上他笔杆子的勤奋，曹老的作品是非常多的。记得 1990 年出版的《砖瓦厂实用机修技术》已经再版了三次，至今依然是抢手的珍品，他出版的关于砖瓦行业方面的书籍，无论是数量和内容，恐怕至今无人超越。

在眼睛患病几乎失明的情况下，曹老以口述、女儿记录的方式，又写成了这本《烧结砖生产实用技术》一书，我们除了敬佩曹老的毅力之外，还要深深地感谢曹老又奉献给中国砖瓦行业一本珍贵的杰作。曹老在这本书里毫无保留地倾注了对行业的全部热爱和感情，他把烧结砖的知识用四川人诙谐幽默的语言进行了解读，每段开篇都用一段打油诗的开场白，深入浅出、通俗易懂。

梁嘉琪

2012 年 5 月 7 日于贵阳

前　言

20世纪90年代，应成都市"墙改办"的要求，在成都市青白江区办了一期烧结砖生产技术培训班，为此编写了一本教材，反映较好。后在此基础上写成《烧结多孔砖、空心砖生产技术》一本小册子，作为培训班的教材，大家一致认为：看得懂、学得会、用得上，并被有些设备厂用来提供给用户。迄今，历经三次改写六次印刷，销路不减。

本书出版，结合近年出现的新情况及征求广大读者的意见，对原书作了较大的补充修改并更名为《烧结砖生产实用技术》。

本书绝非一家之言，早在20世纪90年代第一次写《教材》时，就由高级工程师、行业知名老专家张勋古老先生的审定并收录了笔者所参观过的数百家砖厂的行之有效的经验，这些经验大多来自不见经传的"小厂"，使笔者深感"寸有所长，尺有所短"的道理并认为值得总结。本书的第六章"砖瓦焙烧自动化控制"更是融入了21世纪今天最先进的自动控制技术，由利马高科（成都）有限公司的范小琳补充及撰写。

由于本人年过八旬，体力严重减退，视力仅为0.01，无力读写，本次初稿主要是口述和摸着写，后打字再听读修改，全部插图及文字整理工作均由四川省乐山市新欣砖瓦设备厂周茹英工程师在业余时间完成，书稿又经贵州省建材设计研究院梁嘉琪院长于百忙中仔细校订，对此，本人深为感动，并再次表示最衷心的感谢。为避免失误，本次初稿还送请黄烈武、高泽江等同志校订修改，全书由许彦明同志审定，一并致谢。

　　愿以本书抛砖引玉，广泛收集基层企业行之有效之点滴经验，总结推广，以共同推动具有六千年光辉历史之中华砖瓦更上一层楼。

八十一岁老砖头：曹世璞

2012 年 3 月于广元

目　　录

第1章 绪 论

砖 颂
七律

悠悠历史五千年，
微贱出身只等闲，
百炼千锤成正果，
秦砖汉瓦美名传。

棱角分明正直方，
不弯宁断气轩昂，
纵然身负千钧重，
甘作墙基自隐藏。

八十二岁"老砖头"
曹世璞岁次辛卯

人们都知道，中国古代有四大发明，它们分别是指南针、火药、造纸和印刷术。其实还有一大发明比以上四种不仅历史更为久远，更为社会所需要，更为广大人民所喜爱，还为社会的进步、中华文化的发展建立了不朽的功勋，它就是烧结砖。我国生产和应用烧结砖历史悠久，源远流长。考古证明：早在公元前3300年已有了"红烧土块房屋"和"由斜坡状火道火膛和出烟口组成的陶窑"。而在公元前1000多年前的丰镐遗址中，则出土有烧结的板瓦和排水陶管。到战国晚期的墓室中更有了空心砖，还出土了刻有文字图案的文字墓砖。至于以砖为基本材料的建筑群，从万里长城上用砖建造的上百座关隘、已有千年历史的84m高的开元寺砖塔、峨眉山上万年寺的穹窿砖殿、南京灵谷寺的无梁殿以及故宫、孔庙等大量的宫殿、古刹、园林到平遥古城、大量民居，无不体现出丰富的人文内涵，是实实在在的具有民族气息的丰富的中国砖文化。

烧结黏土砖由于原料易得、制造容易、成本低廉、砌筑灵活和具有其他墙体材料无可比拟的优异的使用性能，历经数千年而不衰，即使在进入21世纪的今天，在许多发达国家仍是其主要的墙体材料之一。例如：在美国，绝大多数民居仍是3层左右的小别墅，尤其会令某些人惊奇的是：同一地点，相同朝向、面积、装修的房子，砌砖的比混凝土建筑的要贵得多。

根据国家关于墙体材料要向节能、节土、利废、空心、大块、轻质方向发展的总方针，二十几年来，墙体材料已开始了新一轮的质的飞跃，新型墙体材料在墙体中所占的比重逐年上升，尽管这些新型墙体材料各具优势，但到目前为止还没有哪一种新型墙体材料具有烧结砖的全部性能。西欧的某权威人士更一针见血地指出"现在所谓的新型墙体材料都在模仿烧结砖的功能，但都只能模仿烧结砖的一种或数种功能，而不能模仿其全部功能"。可见烧结砖在墙体材料中仍将占有举足轻重的地位。

我国是产砖古国，也是产砖大国。2011年全国产砖9000亿块，其中实心砖4000亿块，是1952年149亿块的27倍。

烧结砖是墙体材料，也是最基本的建筑材料之一。对于小体量，特别是单层成低矮建筑，烧结砖有很大的优越性。我国是农业国，全国13亿人口中有近10亿在农村，全国80%左右的烧结砖销往农村，是村建筑中不可缺少的建筑材料。

在城市，尤其在大中城市，人口密，地价高，人们不得不向空中发展，高层建筑应运而生，从而给非承重的轻型墙体材料如空心砖提供了广阔的市场。

但在我国目前的建筑市场上还不可能大量使用高档的墙体材料，尤其在占据大头的农村市场，更是如此。这是因为砖作为地方材料不仅有着就地取材、就地生产、就地使用的特点，更是一种廉价的，可以独立承担墙体且施工简便的传统材料，更是村镇普遍修建中、低层砖混结构住宅而深受欢迎的墙体材料。

现在的问题是：如何挤占这一被烧结黏土实心砖牢牢占领着的市场。

空心砖的许多抗震性能都优于普通实心砖。这是因为：

（1）空心砖比普通实心砖块大体轻。块大，则稳定性好，砌筑灰缝少，薄弱环节也少。体轻，则所产生的地震应力也相应减少。

（2）空心砖表面的凹槽和多孔砖的孔洞不仅增加了与砌筑砂浆的接触面积，而且砌筑时挤进孔洞的砂浆凝固后形成的销键作用增强了砂浆与砖的结合强度及砌体的整体性能。中国建筑科研院抗震研究所和中国建筑西北设计院的实测数据表明：在同样条件下多孔砖的通缝抗剪强度比实心砖高18.4%，抗剪开裂载荷和极限承载能力分别提高17%和19%，当砌体带构造柱时更分别高出19%和26%。

（3）在住宅建设中，墙体质量常为建筑物总质量的一半以上，多孔（空心）砖比实心砖轻得多，建筑物的质量也减轻了，地震应力也减少了。实测表明，当建筑物的自重减少约20%时，水平地震力减少约15%。

不仅如此，多孔砖还有许多优点。

（1）有较好的保温性能。烧结砖的导热系数为 0.62% ~ 0.68kcal/（m·h·℃），而干燥空气的导热系数仅为 0.02kcal/（m·h·℃），为烧结砖的 3.2% ~ 3.9%。多孔砖以烧结材料合理地交错组成坚强的骨架来保证其力学强度，同时又以孔洞中导热系数极小的空气来阻止热量的传递，成为二者兼顾的结合体。一般说来，砖的孔洞率越大，容重越轻，热桥越长，其隔热性能就越好。实测表明，一种孔洞率为 28%，容重小于 1400kg/m³ 的多孔砖的导热系数为 0.45kcal/（m·h·℃），另一种孔洞率为 50%，容重 800kg/m³ 的空心砖的导热系数才 0.25kcal/（m·h·℃），分别为烧结普通实心砖的 72.5% 和 40.3%，则用它们分别砌的 180mm 和 120mm 厚的墙就完全具有 240mm 厚的实心砖墙的保温能力了。因此，在保证建筑物热工性能和建筑面积不变的基础上，使用面积可增加 3% ~ 5%。

凉山州一砖厂和西昌 303 厂分别用孔洞率为 22% 的多孔砖建一幢对比的住宅楼，明显感觉比用普通实心砖建的住宅楼冬暖夏凉。

（2）有较好的隔声性能。由于空气传导声音的能力比固体少得多，实测表明：190mm 厚空心砖墙的隔声指数 46 ~ 54dB，十分接近 240mm 厚实心砖墙的 51.2dB。

（3）由于多孔（空心）砖减轻了建筑物的自重，从而降低了基础费用，也使钢材用量减少 12% ~ 14%。凉山州设计院的资料表明，当采用空心砖作框架结构建筑物的填充墙时，每平方米建筑面积可节约钢材 5.5kg，即可节省出全部屋面、楼面所需用的钢筋。

砖，作为墙体材料，不是单个使用的，而是经由某种粘结剂（如水泥砂浆）组合成为砌体而使用的。质量低劣的砖固然不可能构筑成质量优良的砌体，而仅有优质的砖也不一定就能构筑成十分坚固的建筑物。这是因为"灰缝"往往是建筑物的"薄弱环节"。事实证明：砖砌体的许多裂缝都是从灰缝开始并沿灰缝延伸、扩大，终至破坏的。砖的单块体积越小，砌筑灰缝就越多，

4

砌体的薄弱环节也越多,其整体的坚固性也越差。

例如:砖的厚度增加一倍,砌体水平灰缝数量将减少一半。砖的长度或宽度增加一倍,砌体的竖直灰缝的数量也减少一半。

外形尺寸为 240×190×190 的多孔砖的单块体积比 KP1 型多孔砖的体积大 3.49 倍,是普通实心砖体积的 5.93 倍,单块质量约 10.8kg。同样用于砌筑厚度为 240mm 的墙,前者的灰缝面积就比后者减少 51.2%,水泥砂浆用量和砌体的薄弱环节也同样减少了 51.2%。

天津市现在使用的烧结保温多孔砖砌块外形尺寸是 380×240×190,其单块体积是 KP1 型多孔砖的 6.976 倍,是普通实心砖的 11.86 倍,单块质量约 21kg,同样用于砌筑厚度为 240mm 的墙时,其灰缝面积就比后者少 56.7%,其水泥砂浆的用量和砌体的薄弱环节也同样减少了 56.7%。

不仅加此,砌体是依靠砖上相互交错排列的孔洞以延长热流通道,从而实现其保温隔热的优异性能的。在砌体中,砖的厚壁和灰缝就成了热流的"直达通道"。在 1m 长的砌体上,当采用 240mm 长的砖砌筑时,将有由 8 条砖的厚壁和 4 条灰缝组成的 12 条热流的直达通道,但采用 380mm 长的砖砌筑时,则只有由 5 条砖的厚壁和 4 条灰缝组成的 8 条热流的直达通道。显然,后者的保温隔热性能就比前者好得多。

同时,在孔型和孔的排列形式不变的情况下,240×240×90 的多孔砖可以比 240×115×90 的多孔砖多摆一排孔,从而使孔洞率提高 4 个百分点,并使制砖的原、燃料的消耗也相应下降。砌体的垂直灰缝减少一半。

其次,砖的单块体积大了,还有利于砌筑工效的提高,因为 240×190×190 的多孔砖只要 115 块就 1m³,380×240×190 的多孔砖只要 58 块就有 1m³ 了。尽管单块砖的质量分别比 KP1 型多孔砖增加了 3 倍和 7 倍,但工人取砖的频率却只有前者的 28.6% 和 14.4%,取砖时手的"返空"次数也少了 28.6% 和 14.4%,加上少铺砂浆,总的工效自然大大提高了。

目前我国的制砖技术和装备水平较 20 年前有了较大幅度的提高，挤出压力大于 2MPa 的挤砖机已经很多，泥缸内径在 450mm 以上的挤砖机已能满足上述多孔砖挤出时的压缩比，只要模具（包括机口和芯具）过关，挤出成型是不会有什么问题的。

应该注意的是生产厂在提供大块烧结多孔砖的同时，应提供一定数量（约 10%）的配砖，以便利施工，杜绝砍砖。

和 KP1 型多孔砖相比，烧结多孔砌块（或称大块的烧结多孔砖）无论对生产厂和建筑商，还是环保、节能都有利，是件一举多得的好事，值得推广，应该推广。

例如：北京石化星城住宅小区 1997 年新建 18 万平方米多孔砖住宅，按建筑面积计算，每平方米造价降低 25 元，其中基础费下降 10%，材料用量减少 20%，工期缩短 20%～25%，总造价下降 3%～5%，使用面积增加 3%～5%。

又如 20 世纪 70 年代建成的 37 层、110.9 米高的南京金陵饭店主楼，全部采用空心砖作填充墙，竣工决算表明：比用普通实心砖的砖体质量减轻 49.7%，水泥砂浆减少 59%，人工减少 46%，材料的运输、提升重量减轻 15%～18%。

西昌市采用孔洞率为 49% 左右的空心砖作框架式结构的填充墙，仅对其中 120 多万平方米的决算表明，其每平方米建筑面积的直接造价仅为采用普通实心砖时的 84%，仅此一项就节约投资 4000 多万元。

实践证明：推广应用多孔（空心）砖，一要靠政策，二要靠设计，三要靠质量，四要靠宣传。即"政策是基础，设计最关键，质量须保证，宣传走前面"。

现在推广多孔（空心）砖正面临一个空前的大好形势。政府限期禁实，人们对多孔（空心）砖的认识正逐步加深，有关的设计施工规范已经出台，可以说坚冰已经打破，面对每年 2000 多亿的广阔市场空间，外部条件已经具备，正是砖瓦人挖潜改造，提高质量，增加产量，广为宣传，开拓市场，力争取得经济效益、社会效益双丰收的大好时机。

第2章 原　料

时至今日，制砖原料早已不局限于黏土，而包括了黏土、页岩、煤矸石、粉煤灰、炉渣、矿渣、生活垃圾及多种原料的混合材料。为了使其具备制砖所必须具备的技术性能，应根据具体情况对它们分别进行粉碎、搅拌、混匀、陈化、碾练等一系列加工，进行改性处理，以满足工艺要求。

一般来说，凡是能烧制普通砖的原料都能生产空心砖，只不过空心砖孔多壁薄坯体弱，对原料的制备和内燃料的掺配要求更严，有害杂质应更少，颗粒级配应更合理，矿物组分应更充分疏解、松散、分布均匀，以保证制砖原料的塑性和良好的结合能力。对原料的基本要求，主要在于其化学成分、矿物组成和物理性能。

2.1　化学成分和矿物分析

2.1.1　化学成分

二氧化硅（SiO_2）：是烧结砖原料中的主要成分，含量宜为 $55\% \sim 70\%$。超过时，原料的塑性太低，成型困难，而且烧成时体积略有膨胀，制品的强度也会降低。太少时制品的抗冻性能将下降。

三氧化二铝（Al_2O_3）：在制砖原料中的含量宜为 $10\% \sim 25\%$。过低时，将降低制品的强度，不抗折；过高则必然提高其烧成温度，加大烧成煤耗，并使制品的颜色变淡。

三氧化二铁（Fe_2O_3）：是制砖原料中的着色剂，含量宜为

3%~10%。太高时将降低制品的耐火度，并使其颜色更红。

氧化钙（CaO）：即生石灰，在原料中常以石灰石（$CaCO_3$）的形式出现，是一种有害物质，含量不得超过10%。否则，不仅会缩小制品的烧结温度范围，给焙烧带来困难，当其粒径大于2mm时，还会造成制品的石灰爆裂，或吸潮、松解、粉化。

氧化镁（MgO）：是一种有害物质，含量越少越好，不许超过3%。它和硫酸钙（$CaSO_4$）、硫酸镁（$MgSO_4$）一样，都将使制品出现"泛霜"，甚至剥层、风化。

硫酐（SO_3）：最好完全没有，最多也不能超过1%。否则，制品将在焙烧时产生气体，使砖体积膨胀、疏解粉碎。

2.1.2 矿物分析

对原料进行矿物分析，有助于了解其某些物理性能，以便采取相应的工艺措施，予以改变，以满足制砖的要求。如：原料中的长石将降低制品的抗冻性能，当其含量超过15%时制品将不抗冻。又如蒙托石（膨润土），粘性极高，吸水后使体积剧烈膨胀，干燥后又强烈收缩，其线收缩率高过13%~23%，造成坯体大量干燥裂纹。实践证明：当原料中蒙脱石的含量达到20%时，干燥裂纹已无法避免。生产中常利用高塑性膨润土作为粉煤灰的粘合剂，以生产各种优质的粉煤灰砖。

2.2 物理性能

颗粒组成：或称颗粒级配。尽管原料粒度越细，其比表面积越大，水分渗透越好，原料的塑性也越好。但制砖原料绝不是越细越好。因为，全是太细的原料不利于制品的干燥和焙烧，不同粒度的原料在制品中所起的作用是不一样的。粒径小于0.05mm的粉料称塑性颗粒，用于产生成型所需要的塑性。当然，这些细小的颗粒必须是黏土或具有类似黏土性能的页岩、煤矸石或其他材料。否则，如对于河沙，粉磨得再细，也是没有塑性的。其次是粒径为 0.05 ~ 1.2mm 的部分叫填充料的颗粒，其作用是控制产品所发生的过度的收缩、裂纹及在塑性成型时赋予坯体一定的强度。至于粒径为 1.2 ~ 2mm 的粗颗粒，在坯体中起到骨架作用，有利于干燥时排出坯体中的水分。空心砖生产原料颗粒不宜大于 2mm。

合理的颗粒组成应该是塑性颗粒占 35% ~ 50%；填充性颗粒占 20% ~ 65%；粗颗粒 < 30%，绝不允许有大于 3mm 的颗粒。因其不仅会降低制品的强度，还会因收缩不匀而产生干燥裂纹。

塑性指数：也称可塑性，是烧结砖挤出成型时对泥料性能的基本要求，塑性太低的泥料挤出成型时极为困难；塑性太高的泥料，需要的调和水多，虽然结合能力强，但在干燥过程中容易产生有害应力。

塑性是指与适当水分混匀后的泥料在外力的作用下能改变其形状，而在解除外力后仍能保持形状不变的特性。

干透了的粉状泥料是不会有塑性的，就和干面粉、干糯米粉一样，不管捏得多紧，手一松，全散了。因为在全干的状态下，它们的塑性是发挥不出来的。

泥料形成可塑性泥团的过程是：全干的粉状泥料，开始加少量水并混匀，其物理性能变化不大，并没有显现出塑性，仍为松散状态。继续加水混匀，泥料开始出现粘结，显现一定的塑性，但稍加外力，粘结的泥料立即散开，泥料仍处于半固体状态，此时继续加水混匀，泥料成为可塑状态，取消外力而不变形。如果此时继续加水混匀，泥料越来越软，直至成为可以流动的泥浆。

泥料从半固体状态进入呈可塑性状态时的含水率叫可塑状态的下限含水量，简称塑限。而把可塑状态即将变成流动状态的含水量叫可塑状态的上限含水量，简称液限。虽然只有泥料的含水率介于其塑限和液限之间才能被挤出成型，这一范围越广泥料的成型越容易，反之，则困难。人们把液限和塑限之差叫塑性指数，作为衡量泥料成型的一个技术参数，写成公式就是：泥料的液限 - 泥料的塑限 = 塑性指数。此时泥料的含水率叫塑性限度。

一般认为：塑性指数大于 15 时为高塑性泥料，小于 7 则为低塑性泥料，只有塑性指数为 7~15 时的中塑性泥料最适宜于挤出成型。

各种泥料的塑性指数十分悬殊，有的粘性土塑性指数可达 24 或更高，有的煤矸石、页岩可低于 4，粉煤灰、炉渣更几乎为零。当把泥料揉成泥团，手工搓细小心拉长直到断裂，此时有的是先伸长后断裂，断裂部分长而细直；有的则一拉就断，断裂部位粗而短，显然，前者的塑性优于后者。

泥料加水显现塑性只有用二者间的相互作用来解释。

当泥料颗粒处于有水的环境时，水的离子被吸附到泥料颗粒的表面。此时，围绕泥料颗粒表面建立了水的结构层。OH^- 离子被吸附到阳离子的位置使泥料颗粒表面被紧紧的地了一层很薄的"水膜"，依靠水的内聚力把相邻泥料颗粒"抱紧成团"，而有了塑性，这种水膜需水量有限，而可以将"水膜"（即泥料颗粒）之间自由的水称之为"自由水"。一旦自由水太多，颗粒之间的空隙装不了超过液限，于是"溃坝"，泥团变成了泥浆，失去塑性。

有塑性的泥料必须具备以下的基本条件：

（1）泥料本身在常温下必须具有塑性。玻璃和砂粒在常温下无论如何处理也不会有塑性。

（2）泥料本身必须是亲水性的，才可能和水分子牢固结合形成包围在颗粒外面的水膜。这就要求泥料遇水后产生离子反应从而具有较大电荷的不完全配位的阳离子，能牢牢地粘在泥料颗粒表面形成水膜。

（3）合理的颗粒极配使成型的坯体有一定的强度（湿强度），才能在解除外力后保持其外形不变。

有塑性的泥料应具有以下的基本性能：

（1）干燥时产生收缩，其干燥时收缩的体积和其同期脱去的水分的体积基本相当。

（2）随着干燥的进行，砖坯强度同步提高。

面粉加水混匀揉紧以后可以蒸馒头、作大饼，厨师们常说："面揉得越好馒头越好吃。"如果做拉面更必须细揉慢捏（陈化）力拉，否则拉不出细的拉面来的，因为塑性不够。可见原料的塑性要求靠适当的加工才能"激发"出来。

面粉是小麦做的，但即使把小麦去皮加水，混匀也揉不成面团，做不成大饼，更不可能做拉面，这是因为小麦的颗粒比面粉大多了，水分进不去，也就表现不出塑性。

做砖的泥料也一样，要想充分激发其塑性，就必须要水分充分渗透混匀。通常可以采取风化、陈化、细碎、搅拌、辊压、轮碾、捏合以及用热水、蒸气搅拌和外加增塑剂等方法。

（1）风化：我国北方制砖历来就有用"隔年土"的习惯，即头一年把次年需用的土全挖出来堆在一起，借助风、霜、雪冷热交替之力促其自然崩裂、疏解互相渗透匀化，来年使用。四川省成都市邛崃宏林页岩砖厂，原来页岩现采现用成品率一直在80%左右徘徊，后改为提前一个月开采先行风化，成品率一下子就高到95%～98%，产品，质量也在成都市名列前矛。不仅如此页岩经一个月风化，大块变成中块，中块变成小块，原料粉碎成本也同时降低，我们称之为"请老天爷帮忙"一举两得。

对于雨水较多的地区应采取一些防雨排水措施，以免原料含水率超标，粉碎困难。

（2）陈化：是经粉碎后粒度合格的粉料初步加水，使其含水量达到其成型水分的80%～90%搅拌均匀，搅拌后的粉料以手握成团张开自然落下完全散开为合适。送入陈化库存放，使水分自然渗透到颗粒内部，激发塑性和自然发酵互相渗透混匀，一般泥料陈化24～72小时，往往可以提高一个塑性指数或更多。

陈化过程中最重要的一条是保持水分。我们有这样的经验：面揉好后放在一边用湿布盖好等一会再揉。北方把这一过程叫"醒面"，尤其做拉面，如果没"醒"好，面拉起来要断，没有筋。但一定要盖上湿布，否则面团干了要起副作用。泥料也是一样，陈化时必须保持其含水率基本不变，否则成了干土就前功尽

11

弃了。

其实我们的老祖宗就非常重视陈化，据宋朝李诫所著的《营造法式》和明朝宋应星写的《天工开物》都记载着泥料加水拌和后需经反复牛踩、堆垛、陈化而后使用。

（3）细碎：研究表明，制砖泥料有一个合理的"颗粒级配"，在挤出成型时，其粒径小于0.05mm的部分叫塑性颗粒，应为总量的35%～60%（质量比），其作用是在挤出成型中赋予泥料以塑性，而粘附其他颗粒。其次是粒径为0.05～1.2mm的颗粒，称填充颗粒，含量宜为20%～65%，其作用是防止砖坯在干燥时因过度收缩而产生的干燥裂纹和赋予砖坯的一定的湿坯强度，便于装码，此外，还允许有不大于总量30%的粒径为1.2～2mm的骨架颗粒，其作用是在砖坯中撑起骨架留出孔隙以利于干燥时水汽之排出和焙烧时氧气之进入。当生产普通实心砖时，这一部分的粒径可以放宽到小于3mm。

笔者在西藏拉萨红墙烧结砖公司有过这样的经验：该厂所用的煤矸石和页岩塑性指数低于4.6，硬度高于普氏硬度5。"细碎"后基本都是粒径为1mm左右的细砂，没有塑性的细粉，虽经加水搅拌陈化72小时仍很难成型。后将其"细碎"后的筛余料（约占总量的30%～50%），不回入锤式粉碎机而直接送入球磨机，研细到粒径小于0.05mm和筛下料混合一同搅拌，加水、陈化48小时，挤出成型，解决了问题。

其实，这就和混凝土一样必须有塑性颗粒（水泥），填充颗粒（砂）和骨架颗粒（石子）缺一不可，只是配合比不同罢了。

（4）搅拌：搅拌是让水和泥料混匀，由于搅拌叶片对泥料的压力不大，不可能希望依靠它把水分"压入"颗粒内部。搅拌机应在其进料口就均匀喷水，使泥料一进入搅拌机就和水尽可能均匀接触，然后在搅拌槽斗中"全程搅拌"，那些在搅拌槽斗中部加水的方法实际上削弱了搅拌机加水混匀的作用，实不可取。

（5）辊压、轮碾、捏合及搅拌挤出：水分进入泥料颗粒内部有一个过程，陈化是用时间换空间，让水分慢慢浸入。辊压、轮

12

碾、捏合搅拌挤出是借助机械力把水分挤进颗粒内部。

①辊压：做切面时，面和得很干，手都不能把它捏成团，但压面机一压就成了面皮，这个压不仅是把面粉压在一起，还把水分压进了面粉颗粒内部。

对辊机（有人称辊式破碎机）和压面机一样，不仅把泥料压碎，还同时把水压进泥料颗粒内部。和压面机不同的是对辊机的两个辊筒的转速不同，一个快，一个慢，叫差速辊筒，目的是在挤压泥料的同时还起了一个撕裂的作用，所以对辊机辊压出来的不是"泥皮"而是很薄的小的泥片，生产中最靠近挤出机的对辊机的辊隙应不超过2mm，以保证质量。

②轮碾：轮碾机在我国制砖行业是种古老而又年轻的设备，说它古老，古人不仅用于碾米，也在陶瓷生产中用于加工原料；说它年轻是在二十世纪九十年代才被使用于制砖行业。

一般对辊机辊面的线速度为10m/s左右，高速细碎对辊可达12m/s以上，泥料仅在两辊相切处的瞬间才受到挤压，时间极短，而轮碾机碾轮辊面的线速度小于2m/s，泥料被挤压的时间长多了。而碾轮轮面轴向各点的线速度又随其与碾盘中心距离的不同而产生差异，其与碾盘中心最近的部位最慢，而距离碾盘中心最远的则最快，所以泥料在被碾压的同时还起到了搓揉、撕裂、搅拌等作用，从而有着对辊机和搅拌机的双层作用。

例如：生产能力为30～40m³/h的LNP-360型的湿式轮辗机的内、外两个碾轮的质量分别为8.5t和5.1t，比对辊机两个辊轮之间的压力大了好几倍，其作用于泥料上的压力也大了好几倍，泥料必须经过两个碾轮的碾压、搓揉、撕裂、拌合以后才被排出，实践证明其作用远远大于一次对辊和一次搅拌。

在生产较高掺量的粉煤灰烧结砖时，轮碾机不仅可把粉煤灰碾破（粉煤灰多为空心玻璃珠）还可使粉煤灰颗粒表面均匀而牢固的黏上一层粘结剂（黏土、页岩、煤矸石或膨润土）以便成型。

捏合机和搅拌挤出机：都是在对泥料搅拌以后，逐渐加压挤出。其中搅拌挤出机对泥料搅拌的过程较长，捏合机则更强调对泥料的揉练。

③捏合机目前国内用得不多，而搅拌挤出机已是烧结砖厂的常用设备。搅拌挤出机又叫强力搅拌机，其实就是双级真空挤出机的上级部分，是把搅拌好的泥料用螺旋绞刀，从锥形泥缸挤出把水分挤进泥料里面以提高其性能。

（6）热水或蒸汽搅拌：众所周知，用热水溶化食盐或糖比用冷水快，水的温度越高，食盐或糖溶化得也越快，这是因为温度高的水具有较高的能量，渗透力也越强。热水或蒸汽搅拌泥料也一样，并具有如下的优点：

①降低挤出阻力，也就减小了挤出机挤出时的负荷电流，有利于节能。

②降低成型水分，加快砖坯干燥速度，减少干燥能耗。

③增强砖坯的热湿传导，加快水分的内扩散速度，消除有害应力，实现快速干燥，缩短干燥周期。

这是因为热水（蒸汽）比冷水更容易渗透泥料，使颗粒内外每一个泥料分子的塑性充分发挥出来，提高了塑性，易于挤出成型，应该注意的是一旦砖坯温度超过环境温度太多，砖坯表面脱水速度太快，容易在砖坯表面产生网状裂纹（干燥裂纹）。

（7）添加增塑剂：研究表明，在泥料中适量掺入乳酸、腐殖酸、醋酸、硅酸钠（水玻璃），造纸厂的废水（碱性溶液）和电镀厂的废液（酸液）及专门的增塑剂，均有助于挤出成型。这些物质的水溶液或是酸性或呈碱性都将产生大量的带电离子和泥料中的离子及水离子互相吸引加快，形成附着于泥料颗粒表面的水膜降低挤出阻力有利于成型。

在塑性指数很低的泥料中，加入塑性指数较高的肥性黏土或页岩充分混匀混合料的平均塑性指数提高，同样可以使塑性指数低的泥料得到充分利用。

（8）没有塑性的粉料如何成型：粉煤灰、炉渣、某些矿渣等完全没有塑性，它们只有在颗粒外面包裹一层塑性较高的外表

14

皮，而在挤出时紧密靠拢，形成砖坯。例如河北省衡水粉煤灰砖厂，其粉煤灰掺量大于85%，使用当地丰富的膨润土作粘结剂，同样生产出了合格的烧结砖。

在这种混合料里，没有塑性的粉煤灰炉渣和某些矿渣就像汤圆心子，以塑性较高的肥土页岩或膨润土做的汤圆皮子紧紧裹住，而靠那些有粘性的汤圆皮子才紧密团结的。

(9) 塑性指数太高的泥料可以瘦化，和胖子可以减肥一样，塑性指数太高的泥料也可以掺入粉煤灰、炉渣，某些矿渣、砂以及粉碎了的废砖，充分混匀，把混合料的塑性指数降低到允许的范围。

经验证明，每加入1%（质量比）的粉煤灰混合料的塑性指数将下降0.2~03。

(10) 收缩率：坯体在干燥过程中，由于水分蒸发，颗粒自然靠拢，体积收缩，是所谓干燥收缩。其收缩的长度与坯体原来长度的百分比叫干燥线收缩率。对于干燥线收缩率较大的原料，其制品更应缓慢干燥，否则，坯体将出现严重的干燥裂纹而成废坯。生产中，要求原料的线收缩率小于6%，否则，应对原料进行瘦化处理。

焙烧时，由于所发生的一系列物理、化学变化及原料中某些物质的烧失，成品不仅比砖坯轻了，体积也略有收缩叫烧成收缩。其收缩的长度对于干燥后坯体长度的百分比叫烧成收缩率。

(11) 干燥敏感系数：干燥过程中，在坯体中水分逐渐被蒸发的同时，体积也逐渐缩小。由于坯体内、外的干燥速度和收缩速度总是外快内慢，即表层已经干燥开始收缩，而内部还"原封不动"，一旦其收缩的数量超过了泥料的弹性系数（1%~2%），必将"胀裂"坯体表面，产生网状裂纹，这叫泥料的干燥敏感性，并以干燥敏感系数来表示，干燥敏感系数越大，坯体在干燥过程中产生裂纹的威胁也越重。当干燥敏感系数小于1时，干燥过程中的问题较小，一旦干燥敏感系数大于2，其在干燥过程中产生裂纹的危险性也就十分严重了，必须加瘦化原料来降低干燥敏感系数。

一般说来，泥料的塑性指数越高，其干燥的线收缩率和干燥敏感系数也越高。

$$干燥敏感系数 = \frac{W_成 - W_临}{W_临} = \frac{G_1 - G_2}{G_2 - G_0}$$

式中　$W_成$——指成型含水率 $\left(= \frac{G_1 - G_0}{G_0} \times 100\% \right)$；

$\quad\quad W_临$——指临界含水率 $\left(= \frac{G_2 - G_0}{G_0} \times 100\% \right)$；

$\quad\quad G_0$——指坯体干透后的质量；

$\quad\quad G_1$——指坯体成型时的质量；

$\quad\quad G_2$——指坯体干燥收缩停止时的质量。

（2）烧成温度范围：超过烧成温度仍继续升温，坯体将慢慢软化变形，甚至熔融，坯垛坍塌。显然，低于烧成温度时将会出现生砖或欠火砖；高于烧成温度时，将会出现过烧、烧流甚至坯垛倒塌。显然，这一烧结温度范围越宽，焙烧越容易掌握。对于空心砖来说，这一温度范围应不小于 50℃。这是因为窑室的断面温度不可能完全一样，常常是中部温度较高，边部温度较低，以及顶部和底部、内侧和外侧、窑墙和窑门附近，都会出现一定的温差。如果烧成温度范围太窄，必将出现在同一个断面上中间砖烧好了，边上砖欠火；或边上砖烧好了，中间砖烧焦；或者这一部分欠火那一部分过火的异常现象。

黏土砖的烧结温度较低，约为 900℃，煤矸石砖则较高，约为 1000℃ ~ 1100℃ 左右，页岩居中。

2.3　原料的制备

为使原料矿物组分颗料级配较为合理，确保整个原料均匀一致，具有适宜的塑性指数和干燥敏感系数，就必须对原料进行系统地加工、处理，包括：

16

（1）剔除杂质：原料中的树根、草皮、大块的卵石、砂岩、石灰石等，可以用手工清除，但主要以机械为主，可用除石对辊、各种筛式除石机予以剔除。锉式除石机能有效地在剥离了包裹在卵石上的黏土后把卵石剔除，挤出净化机在对泥料搅拌、挤出的同时还能有效地剔除其中的树根、草和砾石。由于采用了前置式的杂质清除装置，可以在不停机的情况下排除杂质，十分方便。

（2）自然风化：开采出来的原料在露天堆放一段时间，任其日晒、风吹、雨淋、冷冻，借助大自然的力量使其疏解、颗粒分散、水分均匀渗透，是匀化和增加其塑性、改善其干燥性能的简单有效的好方法。对于页岩，还可以通过风化过程使大块分解为小块，减少粉碎工序的负担。

（3）闷料困存（也是陈化的一种形式）：将经过粉碎、混合、适当加水搅拌后的泥料堆集闷存于料库中72小时以上，使水分充分渗透，泥料疏解，松散匀化，不仅可以提高塑性，有利于成型，还可以减少干燥和焙烧时的应力，减免裂纹。我们有这样的经验：头一天经过搅拌没有用完的泥料，第二天特别容易挤出成型就是这个道理。

（4）机械处理：机械处理的目的是改善泥料的某些技术性能。其手段包括粉碎、混合、搅拌、碾练等。

①粉碎：粉碎的目的是减小粒度，增加比表面积，使泥料能更充分地与水分接触，缩短水分浸透泥料路径，使泥料均匀而充分地湿透。应针对物料的物理性质、块度大小及需要粉碎的程度选用适合的设备。

例如，对于脆、硬而自然含水率较低的原料宜选用击打式的粉碎设备，如用各种锤式破碎机、反击式破碎机来细碎各种中硬的煤矸石和页岩；用笼形粉碎机来细碎各种较硬而自然含水率偏高的页岩；用辊式粉碎机来挤碎自然含水率高的软质页岩；用干式球磨机来磨细自然含水率低于3%的硬质煤矸石或页岩等。采用颚式破碎机或较大型的反击式破碎机来破碎中等硬度以上的煤矸石或页岩，采用齿辊机来中碎软质页岩及黏土。

破碎设备都有一个重要的技术参数叫"破碎比"，即允许的进料尺寸比出料尺寸大多少倍，并据此规定了机器允许的最大进料尺寸。遗憾的是，人们往往不给予充分注意。例如：把脸盆大小的页岩直接投入到400×250型的颚式破碎机，却反过来怪"机器不肯吃料"，为了提高颚式破碎机的产量，把机器的出料口调到100mm以上，给下一级的细碎设备提供粒度大于100mm的物料，却反过来怪"锤式破碎机产量不高"。这等于是把整个的大馒头塞进嘴里，吃饭的效率能高吗？

其次，设备标定的生产能力的前提是"均衡生产"，许多砖厂往往没有重视这一问题，尤其对破碎设备，或者一次倒入许多物料，使机器严重超载，甚至"堵死"，或者任其空转，浪费动力。饥、饱不匀，身体能好吗？

②混合：混合的目的是使性质不同的粉料充分混匀，互相"渗透"，取长补短，改善粉料的整体性能，由于干粉的颗粒分散，相互接触的机会多，容易混匀，而湿粉多已结成较大的粉团，粉料间相互接触的机会少多了，充分混匀也就困难了。

另外，容重相近的粉料较容易混匀，而容重悬殊的粉料混匀则较为困难。例如：粉煤灰的容重只有页岩或煤矸石的一半左右，轻者上浮，混匀就不那么容易了。因此，在生产粉煤灰页岩砖或粉煤灰煤矸石砖时，常把几种干粉按比例同时送入笼形粉碎机或者取掉了筛条（筛板）的锤式破碎机中进行干混合，效果较佳。

③搅拌：粉料的塑性是靠水分的充分混匀和渗透来实现的，干透的糯米粉不可能互相粘结成一个整体。加水搅拌的主要作用就是要水分和粉料充分混匀，并尽量使水分充分渗透进每一颗粉料的内部而形成成型所需要的塑性。试验表明：同样的原料，只搅拌2分钟，挤出砖坯的干燥裂纹高达4%，而搅拌到3分钟以上时，在同样的条件下，干燥裂纹只有1%。近年推出的强力搅拌机（搅拌挤出机）在对泥料搅拌以后再经双螺旋泥缸强迫挤

18

出，使水分在泥料颗粒中渗透得更好，效果更佳。

如上所述，搅拌的目的是使水分与泥料充分混匀。为此，应在粉料进入搅拌之初就均匀洒水，以充分发挥其作用。

④碾练：碾练的目的是使各种泥料进一步充分混匀，水分进一步渗透，使泥料的整体性能均匀一致，以利成型，并防止不均匀收缩造成的裂纹。就像揉面团一样"面揉得越好，馒头才越好吃"。

目前，最常用的碾练设备有：各种细碎对辊机、轮碾机、捏合机以及前面谈到的搅拌挤出机。

细碎对辊机：人们有这样的经验：完全不可能用手工揉合成一整块"半干的"面团，经过压面机的两个辊子一压，就成了整块的面皮，这不仅是由于两个辊子的压力强迫面粉颗粒紧密靠拢，同时也把原来附着在颗粒表面的水挤进颗粒内部迫使颗粒紧密地粘合在一起提高了塑性。制砖所用的对辊机由于两个辊子表面的线速度相差较大，所以不仅是把泥料压碎挤紧，还要把挤成的"泥皮"撕碎，以便下一道工序进一步混匀。

轮碾机：对辊机辊面的线速度为 10m/s 左右，高速细碎对辊在 12m/s 以上，泥料在两辊相切处被强力挤压的时间极短。而轮碾机轮面的线速度小于 2m/s，因此，其对泥料作用的时间就长多了。而且轮面轴向各点的线速度又随着其与碾盘中心的远近而不同，故其在对泥料进行碾压、粉碎的同时还有着搓揉、撕裂、拌合等多种作用，从而起着对辊机和搅拌机加起来的综合效果。

例如：生产能力为 30～40m^3/h 的 LNP-360 型湿式混合型轮碾机的内、外两个碾轮的自重分别为 8.5t 和 5.1t，比对辊机两个辊筒间的压力大了好几倍，其作用于泥料上的压力也大好几倍。而且，泥料必须在被两个碾轮的分别碾压、搓揉、撕裂、拌合以后才被卸出，其作用已远远超出了普通一次对辊加一次搅拌的泥料处理效果，其总装机容量才 58kW，只相当于一台国产相同生产能力的高速细碎对辊机 130kW 的 44.6%，减少了一大半。同时，由于其工作表面的线速度很低，磨损也小，维修量也不足对辊机的 1/5。

本章复习

原料性能很关键，认真分析仔细看，
一切数据来说话，否则生产问题现，
根据原料定工艺，根据工艺定机器，
如果原料变化大，水土不服出偏差，
塑性指数很重要，过高过低都不好，
认真搭配细调整，充分混匀第一条，
粉碎原料莫急慢，精细均匀第一件，
颗粒级配有标准，并非越细越好干。
太粗肯定成型难，太细耗能不划算，
还要考虑干燥时，产生裂纹惹麻烦，
泥料陈化不能少，祖宗遗训要记牢，
水分渗透泥料匀，塑性改善耗能少，
搅拌、对辊、强力搅，碾练、捏合都很好，
需要电力来拖动，生产投资费用高，
自然陈化耗能少，花钱不多质量保，
节约人力和电力，综合考虑利不少。

第3章 成 型

3.1 成型水分和真空度

在生产空心砖时机口里多了一套芯具，泥料在挤出时碰到的障碍多了，总阻力加大，挤出压力同比增加，泥条也就更密实。孔洞率越高，孔型越复杂，增加的阻力也越大，泥条也越密实。

实践证明：降低成型水分虽有利于提高坯体密实度和减轻脱水负担，但负荷增加更快，挤出速度也明显下降，严重时还会损坏设备。同时，由于泥料出不来，在泥缸里反复搅动、摩擦升温，造成泥缸严重发烧，泥条冒汽开裂。因此，决不能认为泥料越干越硬越好，只是应尽可能地降低成型水分。不同的原料、生产工艺、产品规格、挤出设备所适宜的成型水分不可能完全一致，应通过试验、对比筛选，以达到泥条表面光滑，满足焙烧工艺码高而不变形的效果为佳。

我们的经验是：在生产孔洞率为45%以上的薄壁空心砖时，其成型水分比在同一条件下生产实心砖时多1~2个百分点。

由于原料的颗粒间总夹有一定数量的空气，其中一部分还会被水封闭以气泡的形式存在于坯体之中，它不仅降低了水分的扩散速度，也延缓了水对泥料的湿润和疏解作用，更妨碍泥料颗粒的紧密靠拢，降低泥料的均匀和密实程度，使泥条在被挤出后产生膨胀致表面鼓胀起泡，并产生裂纹。试验表明：未抽真空的泥条中的空气含量可达2%~12%（体积比）。真空处理的作用就是抽出泥料中的空气，使泥料颗粒紧密靠拢、联结，易于成型，增加坯体的韧性和强度，加快干燥速度，减少干燥收缩和焙烧收缩，是生产优良制品的保证措施之一。

应该指出的是，对于真空挤出制坯来说，绝不是真空度越高越好。试验证明：当真空度低于 0.052MPa 或高于 0.079MPa 时真空度的变化对坯体强度的影响不大，继续提高真空度电力消耗太多，得不偿失。而且，太密实的坯体，透气性能下降，还会给干燥和焙烧带来困难。

当孔洞率较大，孔型较复杂，特别是在生产孔洞率大于 40%的较为薄壁的空心制品时，应有不小于 0.075MPa 的真空度。制品的孔洞率越高、孔型越复杂、壁越薄，所需要的真空度也越高，坯体也越密实，从而达到提高产品质量的目的。

3.2　螺旋挤出机

目前，螺旋挤出机仍是生产烧结砖时主要的成型设备。影响挤出机成型效果的因素很多，主要有螺旋绞刀（主轴）转速、螺旋绞刀、机头、机口尺寸及芯架阻力等。不同的原料、不同的制品应选用不同的挤出参数与之匹配才能达到最佳效果。

3.2.1　螺旋绞刀（主轴）的转速

绞刀旋转时附着在绞刀上的泥料因旋转会产生一定的离心力，同时，泥料和绞刀叶片之间也存在一定的粘结力，促使其旋转。当泥料沿叶片表面向前滑动时，其所产生的摩擦力又能阻止其滑动，其大小又和绞刀的转速成正比，因此，一旦绞刀转速太大，泥料还来不及向前滑动就又被带动跟着绞刀旋转。其后果不仅是只见绞刀前转不见泥条，而且不断旋转迫使泥料因摩擦而产生的热量使泥缸升温，蒸发了泥料中的水分，泥料越转越干越硬，温度也越高，最后只能是电机严重超载酿成事故。

实际上，在一定的挤出压力下，每台挤出机的螺旋绞刀都有一个最佳的转速范围，在此范围内，挤出效率最高，超过这个范围时，负荷陡升，泥缸严重发烧，挤出效率反而严重下降。这是因为过高的转速迫使泥料只能跟随螺旋绞刀一同回转，产生剧烈摩擦而发烧并使负荷陡升。20 世纪 70 年代在四川广元某矸砖厂曾发生过这样的事情：一台 35 型砖机，配套 40kW 电机，绞刀 60r/min，不仅出不了砖，开机仅几分钟泥缸严重发热，电机负荷 100A 以上，严重超载。后来将绞刀转速降到 38r/min 才出砖，不仅泥缸不发烧了，电机负荷也降到了 80A 以下，没有超载。

对于砖厂由实心砖改造生产空心砖时，如正常生产实心砖时螺旋绞刀的转速为 n_1，生产空心砖时适宜的转速为 n_2，则

$$n_2 = \frac{F_2 n_1}{F_1 K}$$

式中　n_2——生产空心砖时的转速，r/min；

　　　n_1——生产实心砖时的转速，r/min；

　　　F_2——空心砖挤出的有效面积，cm^2；

　　　F_1——实心砖挤出的有效面积，cm^2；

　　　K——系数，取 1.2 ~ 1.5。

由于离心力与旋转物体的速度的平方成正比，而螺旋挤出机又有多种型号规格，因此应以螺旋绞刀外缘的线速度来考虑其适宜的转速。对于我国现用的泥料制品来说以绞刀叶片外缘的线速度为 36 ~ 48m/min 为宜。就是说绞刀外径（单位 m）乘以 π 再乘以转速宜为 36 ~ 48m/min。对于塑性好、泥料滑动性好，制品简单（如黏土，塑性较好），粉料较细而匀称的原料在生产时可以用较高的转速，反之，如原料是煤矸石、硬质页岩，粉料较粗的原料及生产多孔砖、空心砖时宜用较低的转速，硬塑成型时宜用更低的转速。

目前，国外的大型螺旋挤出机已有低于 30m/min 的绞刀速度。实际上，某一台螺旋挤出机在采用不同性能的原料挤出不同制品时，都有各自的最佳转速，在这个转速时产量高负荷小。笔者就经历了这样的一实例。在 2003 年，为乐山的一家矸砖厂制造 450 型挤出机，根据用户的要求，为其设计的转速比我矿矸砖厂用的同机型的挤出机转速每分钟低 3r，试车时泥料出得很慢，

泥缸发烫，最后把转速降到20r/min，比我矿矸砖厂的挤出机转速整整慢了10r/min，产量达到12000块/h，泥缸也不发烫了。

因此，在以后生产螺旋挤出机时就配置了变频装置，方便了用户用不同的原料生产不同品种的产品时优选其最佳转速。现在，我们还可以通过使用调速电机来调整绞刀的转速，以适应不同原料性质、多品种制品的挤出成型。另外较低的泥料含水率是当今砖瓦行业发展的趋势，降低主轴转速也就成为必然。总之，绞刀轴转速的高低，一定要随着原料和绞刀直径的变化而不同，保证挤出机的挤出效率最大化。

3.2.2　螺旋绞刀叶片的螺旋角

在挤出机的泥缸里，泥料是靠旋转的螺旋绞刀叶片推动前进的。仅从这一点看，我们希望叶片平面最好能垂直于泥缸轴线，并只作轴向运动。但这时绞刀的螺旋角和螺距都变为零，就不能称为螺旋绞刀，而且无论如何旋转也不可能把泥料推向前进。

对于首节螺旋绞刀，要克服机头、机口、芯具等很大的阻力才能把被压紧的泥料推出机口，需要的推力最大，因此，应该有较小的螺距和螺旋角，力求具有较大的挤出压力。

对于送料段的螺旋绞刀，就完全是另一回事了。由于泥料还是松散的，其任务又是不断地向前输送充足的泥料，因此，希望泥料前进得快一点。这就应该有较大的螺旋角和螺距，目的是在旋转时，泥料能前进较大的距离。为此，我们要求挤泥机的各节螺旋绞刀应根据其所承担的具体任务而分别具有不同的螺距和螺旋角，即"变螺距绞刀"。

对于挤压段，理论上绞刀叶片的最佳螺旋角应使其对混料所产生的分力，刚好能抵消绞刀叶片表面与泥料所产生的摩擦阻力，从而迫使泥料不产生随绞刀旋转而进行回转运动，从这一观点考虑得出了"螺旋绞刀的螺旋角应小于其叶片与泥料的摩擦角"的结论。由于黏土与光滑钢铁表面的摩擦角为21°~25°，所以长期以来推荐的叶片的螺旋角为21°~25°。散体力学的出现，深化了人们对泥料在泥缸中运动规律的认识，用这一理论计算出来的螺旋角只有15°30′。

由于烧结砖的原料较为复杂，不仅各具特性，而且颗粒级配、内燃掺量也不尽相同，其塑性指数与叶片表面的摩擦角更是千差万别，不能一刀切。原则是较为细腻、塑性指数较高的泥料，绞刀叶片的螺旋角较大；反之，如是煤矸石、粉煤灰则应较小，其选用范围是15°30′~20°。必须说明的是，以上专指首节螺旋绞刀的螺旋角。由于 $\tan15°30′ = 0.2773$ 而 $\tan21° = 0.38386$，所以在实际计算时，当算出 $\pi(D+d) \div 2$ 的数值以后，分别乘以 0.2773 和 0.38386，便得出该螺旋绞刀所适用的最小螺距和最大螺距。然后再根据原料的具体情况（主要是塑性指数），优化选取。

在设计和制造时，主要计算出首节螺旋绞刀叶片的螺旋角并决定其螺距。所谓绞刀叶片的螺旋角是指绞刀叶片的平均中线与叶片平均周长的夹角，如图3-1所示。

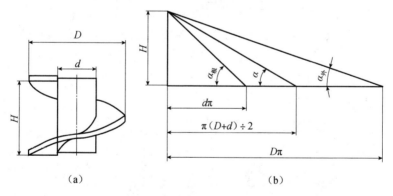

图3-1　螺旋绞刀的螺旋角

（1）叶片根部的螺旋角：$\tan\alpha_{根} = H/d\pi$

（2）叶片外缘的螺旋角：$\tan\alpha_{外} = H/D\pi$

（3）叶片中线的螺旋角：$\tan\alpha_{平} = H/\pi(D+d) \div 2$

式中　H——绞刀螺距；

D、d——分别是绞刀叶片外径和绞刀轴套的外径；

α——叶片的螺旋角。

绞刀叶片根部的螺旋角和外缘的螺旋角不一样大。以 450 型挤出机为例，螺旋绞刀的外径 450mm，绞刀轴套直径 160mm，当螺距为 310mm 时，$\alpha_{外} = \text{arctan}310/450 \times \pi \approx 12°22'$。$\alpha_{根} = \text{arctan}310/160 \times \pi \approx 31°40'$。螺旋绞刀在同一段的角度差差点达到 20°，角度差产生压力差，由此产生的内外缘对泥料的推进速度不一样。

通常以叶片中线的螺旋角（平均螺旋角）为计算依据。当螺旋角等于 90°时，叶片变成了平行于轴线纵向叶片，就像中国农村老式"风车"一样对泥料只产生回转运动的力。当螺旋角为 0°时，叶片变成垂直于轴线的平面，无论如何旋转也不能推动泥料前进。适当的螺旋角度其在旋转时对泥料所产生的轴向力最大，而产生回转运动的力最小。

3.2.3 螺旋绞刀的组合

泥料是一种可以压缩的散体，在螺旋挤出机里，泥料在被逐步挤压密实的同时，还有一个被从进料端逐级输送到出泥口和搅拌的过程，需有多个绞刀配合完成，因此，在螺旋挤出机里都由多个绞刀串联组成"绞龙"，如图 3-2 所示。

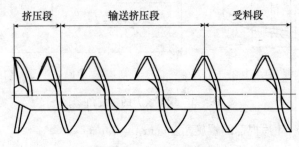

图 3-2 "绞龙"示意图

在进料段，泥缸没有上半圆，叫开放段。在这一段的螺旋绞刀的任务是源源不断地向前方供应充足的泥料，这一个绞刀通常

26

叫尾节。应该有较大的螺距（导程）加快供料。

不要忘了，挤出机一定要"挤"才能"出"，如果后方没有供料，前方是不会出泥条的。最前方的绞刀的任务是给过来的泥料以巨大的压力，使其克服机头、机口、芯具（生产空心制品时）的一切阻力，冲出机口中成为一定规格的密实的泥条。这个绞刀是绞刀级的"排头兵"（首节绞刀），任务最为繁重，磨损也最快，其余各节绞刀都在封闭泥缸里。

这一段包括绞刀、机头、机口，叫挤出机的挤压段。其余各节绞刀则同时担负运料和挤压的双重任务。

根据各段绞刀的螺距是否变化，有等螺距绞刀、变螺距绞刀，其中变螺距绞刀又有逐节减少螺距的全压缩绞刀组合、逐节缩短螺距到首节稍有放大的变螺距绞刀组合、逐渐增加螺距的反径向排列的螺旋绞刀组合、叶片断开的非连续绞刀组合和二次变径、变螺距的绞刀组合等。

（1）等螺距绞刀

等螺距绞刀是最早形式的绞刀，在低压力成型，生产黏土实心砖时，该排列组合得到广泛的应用。对于等螺距绞刀，它的受料部分、输送部分和挤压部分各段的螺距均相等。螺旋绞刀的作用是在输送泥料的同时还对泥料进行挤压，等螺距绞刀是在对泥料的作用进行了平均分配，不利于泥料形成一定的致密度，也不符合泥料的挤出特性。经实践证明，等螺距绞刀挤出效率低，优点是制造方便，现在已被逐渐淘汰。

（2）逐步压缩的变螺距绞刀

这种绞刀组合的特点是输送段绞刀螺距最大，挤压段螺距最小其余各节绞刀螺距不等的"多变绞刀"组合。对于输送段的螺旋绞刀，由于泥料是松散的，其任务是不断向前输送充足的泥料，希望泥料前进得快一点，送的泥料多一点，因而输送段的螺距大，其余各段的螺距所承担的具体任务不同而就分别具有不同的螺距。国外研究认为，高效能挤出机的进料段绞刀螺距比随后封闭泥缸的绞刀螺距约大50%。根据螺旋逐渐压缩的特点，泥料逐渐被压紧，起初泥料是松散的，属于散体，在逐渐压缩的过程中，其泥料的回弹倾向逐步降低。这种螺距绞刀每一节都承担对泥料的挤压，故能耗高。例如，对于送料尾节的压力如果为0.5t，那么其前一段的压力就有可能是0.75t，再往前就会达到1t，到出口就可能达到3t。故挤出机的电机功耗高，主轴推力轴承承受的轴向推力大。所有的压力都集中在了首节螺旋绞刀上，这就要求首节螺旋绞刀要有足够的强度和高的密封性能。否则容易产生漏流，影响挤出效率。据资料介绍，绞刀与缸壁的间隙在3~5mm，故生产时要求班班补焊。由于是过饱和喂料，在螺旋绞刀作用下，它们在同一段以不同的线速度运动，即在物料层与层之间形成了剪切平面，水和空气则集中于剪切平面和微孔中，这也容易形成螺旋纹分层，影响产品质量。一般讲，这种绞刀组不适合含水率高的原料。因为，高含水率的原料在加压时会产生严重的返泥，使挤出效率大幅度降低，因而不适宜软塑成型，最适宜的是半硬塑、硬塑成型。

（3）逐节缩短螺距到首节稍有放大的变螺距绞刀

经过逐节压缩的泥料，其泥料内部的残余气体也受到压缩，到达首节后螺距突然变大，压缩的泥料就疏松开来，压缩的气体乘机得到释放，气体就返回低压状态的受料箱内，从而得到更加密实的泥条。此处的螺距大，平均压力角也最大，这样返泥少，挤出效率高。这在生产实际中得到了很好的证明。双流某页岩砖厂使用的450型真空挤出机，首节绞刀螺距为270mm，砖机负荷很大，泥缸处的温度很高，常常是机修工在此处用水管放水降温，真空室也经常被堵塞，后把首节绞刀螺距增大，螺旋角 α 为21°，符合国内专家提出的首节螺旋绞刀的螺旋角15°30′~21°30′的范围。经过改进，产量从原来的8000块/h增加到14000块/h，生产实心砖时的电流为90~100A，生产空心砖时的电流为200A。但是，首节螺距也不是越大越好，还得看原料。同样的螺旋绞刀用在乐山的页岩砖厂就不行，产量还可以，但是挤出的泥条密实度不够。为此，作者对首节螺旋绞刀进行调整，使挤出的泥条合乎用户的要求。这种绞刀螺旋消耗的功率低，挤出效率高，也就是所说的"零输送，强挤压"。缺点就是制造麻烦。

（4）逐步增加螺距的反径向排列的螺旋绞刀

这种螺旋绞刀与逐步压缩的变螺距绞刀正相反，它是从受料段开始向挤出方向按绞刀螺距逐级加大规律排列的绞刀。这样后一节绞刀输送的泥料不是过饱和的，在输送时相对轻松，功率消耗低，在机头受挤压泥料中的残余气体也从松散泥料的缝隙中返回负压状态的受料箱，成型时泥料颗粒之间结合更紧密，泥条质量也好，这就是所说的"零压力输送，高压力挤出"。对这种螺距作者2004年在乐山的一家页岩砖厂做过试验。一组是逐节缩短螺距到首节稍放大的变螺距绞刀，一组是反径向排列的变螺距绞刀，试验结果两组螺旋绞刀的产量质量没有多大的变化，只是后一组螺旋绞刀的负荷要稍低一点。

（5）叶片断开的绞刀组

这种绞刀出现在20世纪90年代。为的是在绞刀间安装1~2组搅泥棒以打乱泥料分层来消灭螺旋纹。实践证明，这一方法有效，但没能完全消灭螺旋纹。因为最前面的绞刀还会产生新的螺旋纹，无法被消除，而其所产生的增加负荷的缺陷则是显而易见的。

搅泥棒增加了泥料前进的阻力。泥料不是乘"直达车"而在绞刀断开处要"换乘"到前一节绞刀，挤出效率明显下降。其实，用搅泥棒来打乱泥料分层不失为一剂良方，但搅泥棒应安装在首节绞刀的末端，并尽量靠近首节绞刀叶片，只要运转中绞刀碰不着搅泥棒就行，这就把绞刀旋转造成的泥料分层打乱了，因为刚刚脱离螺旋绞刀叶片的泥流仍有一定的旋转运动，插在机头里的搅泥棒正好打乱螺旋绞刀对泥流所造成的分层，其前面已没有了螺旋绞刀，使得本来是螺旋状的泥条被打断、分割，泥条从旋转运动改作直线运动，最后经机头、机口挤压成型，螺旋纹也就不会"旧病复发"了。这样一来，整个螺旋绞刀叶片连成一体，泥料不再"分段搭车"而顺利挤出，挤出效率自然就高了。

这种安装在机头处的搅泥棒，它不影响螺旋绞刀的工作效率，只是对螺旋绞刀推进的螺旋状泥条施加了一定的作用，使其不会产生螺旋纹，保证了产品质量。对挤出机的产量不会有影响，只是会增加但不会消耗太多的电量，这是因为搅泥棒增加了双线处泥料的移动阻力。

（6）二次变径、变螺距的绞刀

二次变径、变螺距的绞刀是在 20 世纪 80 年代末，通过引进美国硬塑挤出机而出现的。其特征就是受料段是一种直径，封闭段是两种直径。受料段到封闭段产生直径突变。三个不同直径组合中，又有不同的螺距组成。通过对平均压力角的计算，发现其平均压力角的使用区间范围并非是传统经验数值 15°～25°之间，而是在 11°～17°之间，最小平均压力角为 11°51′，最大平均压力角为 16°50′。这种绞刀组需要配置很大的动力。随着目前低含水率原料的利用，高强度等级的地砖，多种颜色的装饰砖的需求，硬塑挤出机得到迅猛的发展。

一组最好的螺距排列组合，应该是当上级停止供料时，下级也随之暂时停止挤出，这时的受料段绞刀，包括与受料段相连接的部分泥缸中，应该无泥料存在。这种螺距绞刀才有最好的挤出效果。

3.2.4 绞刀叶片的光洁度

泥料是沿绞刀叶片表面滑动而被推挤前进的，绞刀叶片表面对泥料因滑动产生摩擦力，叶片表面光滑，摩擦阻力就小；叶片表面粗糙，摩擦阻力就大，容易带着泥料一同旋转。在生产实际中，往往就会遇到新换上去的螺旋绞刀，刚刚生产时挤出机的负荷要大些，挤出较为困难，随着生产的进行，绞刀叶片逐渐被磨光，生产也就恢复正常。前不久就有用户打电话来诉说，刚换了一组耐磨的绞刀，负荷很大，问能不能用一种耐磨的材料来做绞刀，省去堆补的麻烦。目前一部分厂家用的是精铸高铬螺旋。这种螺旋绞刀整体铸造最大的特点就是耐磨，据资料报道，国外有些精铸高铬螺旋绞刀使用寿命为大约能生产 1000 万块砖。但这种螺旋绞刀成本较高，价格约是 20 元/kg，不容易焊接。笔者就为泸州的一矸砖厂和一页岩砖厂以及德阳的一页岩砖厂配置了一组精铸高铬螺旋绞刀，其中有两家砖厂都是没有生产多久就把双线叶片挤脱一大块，后来还是换成了普通材料螺旋，喷涂耐磨材料。其相互之间的摩擦力越小，越容易被泥料的速度差撕裂分层，造成熔烧后制品产生空气夹层，降低制品的强度，所以泥料一定要有一个合理的颗粒级配。

3.2.5　绞刀与泥料的关系

（1）泥料的颗粒大小及形状：挤出机挤出泥料时，泥料越粗挤出机受到的阻力越大，挤出光滑球形的颗粒时比挤出多角形粗硬颗粒所受的阻力小得多，所以挤出粉碎后的硬质页岩或煤矸石、矿渣等料时，挤出机所受到的阻力要大。但泥料也不是越细越好。众所周知，泥料越细其相互之间的摩擦力越小，越容易被泥料的速度差撕裂分层，所以泥料有一个合理的颗粒级配。

（2）成型水分

挤出成型时，成型水分越高泥料越软，泥料流动性也越好，其挤出阻力越小。所以硬塑挤出比软塑挤出困难。故硬塑挤出要求的转速就比软塑挤出的速度低。

3.2.6　使用中的问题

（1）堆焊耐磨层

绞刀堆焊耐磨层，并非是所有的绞刀外表面都一样堆焊耐磨材料。因为绞刀叶片的正面要推进泥料，磨损大；叶片的背面没有压力，磨损就小；叶片边缘的线速度大，磨损也最大。例如 450 型挤出机的螺旋绞刀叶片的外径是 450mm，而轴套直径是 160mm，旋转时叶片外缘的线速度是轴套外缘线速度的 2.8 倍，加上叶片边缘与泥缸内壁间泥料的强烈摩擦，其磨损速度远远超过 2.8 倍。因此在做耐磨层的堆焊时，边缘处应该较厚，约 5～6mm。现在的铸造螺旋绞刀外缘线均有一个向内倾斜的棱缘如图 3-3 所示。

图 3-3 绞刀外缘

叶片正面只需从边缘向内堆焊 50～60mm 宽的一幅，从边缘往内逐渐减薄，绞刀的背面和轴套可以不堆耐磨材料。对于首节绞刀的副叶，由于肩负切开和挤压泥条的双重责任，全身都有较严重的磨损，所以应全部堆焊耐磨材料。在堆焊时焊道尽量平滑并应和泥料滑动方向一致，不要沿叶片横向堆焊。

（2）叶片堆焊后应保证叶片外缘和泥缸内壁有最小的间隙

这个间隙容易形成漏流，间隙越大，漏流量就越大，挤出效率就越低。

总之，对于不同的原料，挤出机应有不同的螺距排列组合和转速。对于螺旋绞刀磨损后，应严格按照螺旋绞刀的角度、与泥缸壁之间的间隙、表面光洁度、主副叶和堆焊耐磨材料等的要求来修复，保证螺旋绞刀的最佳工作状态，这样才能提高挤出机的挤出效率。

3.2.7 机头

机头，有人叫它"机脖子"，是螺旋挤出机的泥缸和机口（砖嘴）的联结装置，因而决定了机头的形状特征，几何学上称其为"天圆地方"。连接泥缸的一端是圆的，连接机口的一端是方的。其作用是压缩、致密泥料，并把从泥缸里挤过来的圆筒形并具有一定旋转运动的泥料改变其形状且基本上只有轴向前进运动的泥料送入机口，让其在机口中产生稳定的泥流，完成成型过程。所以说机头是泥料成型的先决条件。

泥料在通过机头和机口时，断面逐渐变小而被挤紧压实，使砖坯具有一定的强度。没有安装机头和机口的挤出机挤出来的泥料都只能是一盘散沙，装上机头以后挤出来的泥块就抱紧成团了，再装上机口以后，挤出来的则是密实且外形规范的泥条了。这就说明，正是机头和机口对泥流的阻力，迫使螺旋绞刀以大于该项阻力的挤出压力，才能使密实的泥条挤出来，这就和水管里流出来的水一样，并没有什么压力，水也冲不出多远，但如果把水管出口捏扁了，或堵住一半，同样的水就会冲出很远（压力大了）是一个道理，即"没有阻力就没有压力"。

　　我们希望机头机口对泥流产生的阻力全部转化为挤紧泥料的压力，但这是不可能的。其中机头机口内壁对泥流前进所产生的阻力——摩擦力，就是对泥流前进具有反作用的有害阻力。这一有害阻力的大小和泥料与机头、机口内壁的摩擦系数及泥料对机头、机口内壁的垂直压力［图3-4（b）中的F_1］成正比。十分光洁的机头、机口内壁，较细的泥料颗粒以及对机头、机口内壁的润滑可以减小摩擦系数而在一定程度上减轻这一有害阻力。泥料前进时对机头、机口内壁所产生的垂直压力的大小则完全取决于机头、机口内壁的斜度，由于机口内壁的斜度一般为3°～5°，影响不大，暂且从机头上进行研究。

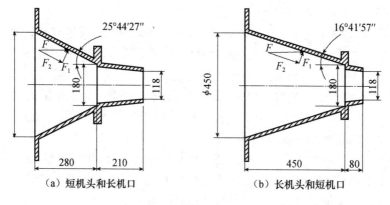

（a）短机头和长机口　　　　　（b）长机头和短机口

图 3-4

机头两端进出料口断面之比叫机头的"压缩系数"，过去的设计经验一般认为"压缩系数"约为 1.5~2，最好控制在 1.5 倍左右，超过 2 时，机头产生的过高的压缩比将造成机器负荷增加，机头严重发烧，并降低泥条质量。传统的机头长度为螺旋绞刀外径（或泥缸内径）的 0.5~0.6 倍，当挤出普通实心砖坯时机头长度为 200~280mm，塑性指数较高的泥料选用较短的机头。随着认识的提高和制品的变化以及对制品质量要求的不同，现代的设计以长机头和短机口的组合居多。

图 3-4 是 450 型挤出机常见的短机头长机口和长机头短机口挤出普通实心砖时的纵剖面图。当采用图 3-4（a）中所示的短机头时，机头上下两方的斜角 θ 为：$\theta = \arctan(450 - 180) \div 2/280 = \arctan 0.481242857 = 25°44'27''$，当采用图 3-4（b）中所示的长机头时 $\theta = \arctan(450 - 180) \div 2/450 = 16°41'57''$。图 3-4 中 F 为泥流被挤出时作用于机头内壁的力，其方向即为泥流前进的方向。根据物理学力的分解定律，该力分解为垂直于机头内壁并对其形成压力，从而产生摩擦阻力的 F_1 和沿机头向前滑动的力 F_2。按力的分解定律：垂直于机头内壁的压力 $F_1 = \sin\theta \times F$，沿机头内壁向前滑动的力 $F_2 = \cos\theta \times F$；则图中，当采用短机头时，$F_1 = \sin 25°44'27'' \times F = 0.4343F$，$F_2 = \cos 25°44'27'' \times F = 0.9008F$；当采用长机头时，$F_1 = \sin 16°41'57'' \times F = 0.2873F$，$F_2 = \cos 16°41'57'' \times F = 0.9578F$。两相对比，可见，当采用长机头时，泥流对机头内壁的压力比采用短机头时少了 14.7%，即机头内壁对泥流前进所产生的摩擦阻力减少 14.7%。另一方面，沿泥流机头内壁向前滑动的力则增加 5.7%。摩擦阻力减少了，泥流前进的滑动力增加了，一减一增，挤出机效率能不提高吗！

生产空心砖时，为平衡芯具增加的阻力，在保证挤出泥条质量的基础上，可以按空心砖实际挤出断面和普通砖的挤出断面之比，同步缩短机头，以尽量维持原有的阻力。

机头的出料口应略大于机口的进料口，既保证了机口进料充足，又留出了安装芯具撑脚的位置。

3.2.8　机口

又叫"砖嘴"，它是成型的最后一关。它把从机头中挤过来的泥条进一步挤紧压实，并成为所需断面尺寸的坯条。其出口端的尺寸应是成品的规格尺寸加上砖坯干燥和焙烧的总收缩尺寸再减去 1 ~ 1.5mm，以抵消泥条脱离机口时的轻微膨胀。有时，为补偿泥条行进、切割中可能造成的"大底"变形，出口端下边可比上边短 2mm 左右。机口进料端的断面尺寸不仅和机口的斜度有关而且还直接关系到机头的压缩系数。如今，挤出机朝着大型化方向发展，机头、机口总压缩比变大，应该设计为"双泥条挤出成型"或"多泥条挤出成型"。我们在采用 JKB50/45—3.0 型挤出机挤出断面尺寸为 180mm × 115mm、孔洞率为 48% 的空心砖时，就采用"双机口"一次挤出两根泥条，取得了高产、优质、低能耗的明显效果。

为抵消芯具所产生的阻力，机口也应按生产实心砖和生产空心砖时实际挤出断面缩小的百分比来适当减短机口的长度。其中：对泥料塑性指数较高、孔洞率较低，孔型和芯具结构较为简单的制品，机口可稍长；反之，宜稍短。原则是：在保证泥条质量的前提下，机口短一点好，对于生产黏土普通砖来说，机口长约 100 ~ 200mm，生产高孔洞率的空心砖时有的机口只有 30 ~ 50mm。机口四边内壁的斜度经验数据为 3° ~ 10°，应根据不同土质、原料含水率高低来选取，实践证明，在挤出多孔砖时，机口的长度有 30 ~ 50mm 已完全够了，芯头的长度才 25mm，而且芯头的成型段的长度只有 6mm 左右，挤出砖坯的孔型已经十分完整了。机口为了适应泥条外形，其四角均为 90° 的死角，此处在泥流挤出时阻力最大，机口越长，四条死角也越长，阻力也越大，也越容易造成泥条烂角。所以长的机口在挤出成型时实际上是"赔了夫人又折兵"，有害无益。近年推出的一种"内机口"，也就是内置机口，长度为 30 ~ 50mm，效果更佳。另外，在硬塑成型时，机口一定要做得坚固稳定，要不然大的挤出压力会使得机口变形从而导致芯具的整体变形。

机口内壁应镶衬薄铁皮，以便磨损后更换，并保护机口。可以用镀锌铁皮，最好用废带锯条，价廉而耐用。为减小泥料和铁皮的摩擦阻力，使挤出泥条表面光滑，常在机口内壁四周各开出 4mm×4mm 的贯通水槽 1～5 条，使泥料的挤压区内有水润滑。其缺点是泥料表面多了一层"表皮水"，延长了砖坯的干燥周期，当水量太多时，还会使泥条表面出现"蛇纹泥浆"，降低质量。故近年有用无水润滑的"干机口"，但要求挤出机有较大的挤出压力，电耗也相应地高一些。近年推出的"油机口"较好地解决了这一矛盾。即以切坯机用油代替润滑水，限量均匀滴入机口，不仅因为油比水的润滑性能更好，减小了摩擦阻力而降低挤泥机的负荷，减小了机口内衬铁皮的磨损，还加快了砖坯的干燥速度，免除了切坯工的抹油劳动。由于油只能从泥条挤压的机口向前移动时顺便"带"出去，用量较少，许多砖厂的实践证明用得好时比切坯机用油还省。目前，在硬塑成型中，为了降低泥料在机头、机口内壁的摩擦力，利于成型，减少功率消耗，在机头机口处建立了高压润滑系统。

泥条外面拉槽，可以由机口内带凸缘的内衬铁皮形成；也可由固定在机口端面几块梳齿板划出来。后者较为方便。近年，有的在切条机上安装"压花辊筒"，泥条通过时自行压出花纹，效果更佳。

生产中，机头、机口的设计制造除根据原料特性选择外，还要考虑其他挤出参数。总之一定要因地制宜，不能千篇一律搞一刀切。机头和机口上应有标记，以便安装时找正。

3.3 芯 具

芯具是空心砖成型的关键装置，除在泥条中穿孔以外，还应能有效地调节泥料在整个挤出断面上的速度，使泥料挤出速度基本一致。为此，应根据原料的性质、挤泥机的技术参数、产品的规格、孔型及其排列情况综合考虑。同一规格的产品，各厂所用芯具的结构不完全一样，切勿生搬硬套，应根据各厂的实践定型、完善。

芯具由芯头、芯杆、大刀片、小刀片和固定位置用的撑脚等组成，固定在机口进料的一端，其在机口中安装的相对位置如图3-55所示。

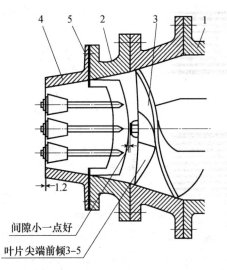

图3-5 芯具在机口中的位置

1—泥缸；2—机头；3—螺旋绞刀；

4—机口；5—芯具

被螺旋绞刀叶片推过来的泥流首先被大、小刀片分割为几股，才在芯杆区域内重新结合、压实、继续前进，并在通过芯头时被穿出孔洞和进一步挤压密实成型后离开机口，形成贯通有规则的孔型。几种常用多孔砖和空心砖的芯具如图3-6所示。

37

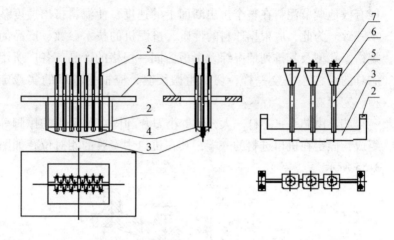

20孔空心砖的芯具   3孔空心砖的芯具

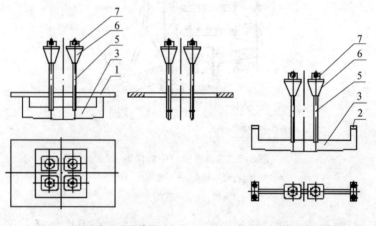

4孔空心砖的芯具   2孔空心砖的芯具

图 3-6   几种空心砖的芯具

1—框；2—机头；3—螺旋绞刀；4—机口；

5—新刀片；6—芯杆；7—芯头；8—螺帽

3.3.1 大刀片

也叫横担，因其横卧在机口进料端的中线上，根据孔数、排列形式，由一个大刀片和几个小刀片组成刀架，由大刀片两端的撑脚把它固定在机口进料端的平面或单独的单排孔的空心砖的芯具只有一个大刀片，多排孔空心砖的芯具应根据孔的排数排列大刀片，大刀片上焊装小刀片。刀片常用汽车的废弹簧钢板制作，价廉而耐用。厚度8～14mm，为减小对泥流的阻力和保证其本身的强度，刀片应面向泥流方向做成弧形，截面呈流线型。

为使泥流在越过刀架以后二次结合良好，防止出现刀架裂纹，应使大刀片的末端到机口的出口平面有一个合理的长度，即"愈合长度"。此长度应随机口的挤出泥量的增多而加长，对于小孔、多孔的砖坯可稍短，对少孔、大孔特别是薄壁的砖坯、塑性指数差的砖坯宜稍长。一般来说应不少于230mm。生产中，常以机口装好后，大刀片碰不着螺旋绞刀的头就行了，如图3-6所示。

芯具对坯料的割裂程度及重新组合的优劣，主要取决于芯架主、副刀片的形状及位置。在此，应避免过于单一和太长的直线结构，以防泥料在其两侧出现长而深的开裂。长度不同的芯杆能给泥料提供长度不同的愈合时间，而较长的时间则更好。

泥料在脱离刀片后所形成的大部分过渡表面，是其重新结合时的粘结面，这些粘结面应较为粗糙，以利于粘结时增加相互的接触面积并互相"咬住"，防止刀架裂纹。因此，各刀片的表面不可"十分光滑"，而应适度"拉毛"。

为增加大刀片的稳定性和使大刀片不至于横断整个泥条，适当缩短大刀片，以减轻刀架裂纹；可以改由支撑在机口后面的4个撑脚来共同固定已减短了的大刀片，如图3-7所示。这样，砖坯的两个顶端部分完全躲过了大刀片的切割，有效地防止了砖坯条顶面的贯通裂纹，稳定性也更好。

在生产4孔空心砖时，也有用并列的两个大刀片取代组合的大、小刀片的。

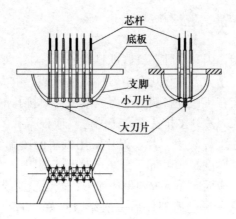

图 3-7　20 多孔砖四脚刀架

对于不在砖坯横向中线上的孔洞以及多孔砖，还应根据孔的位置分别在大刀片上焊装一个或多个小刀片、副刀片，以便安设芯杆。如图 3-6 中的 20 孔的芯具。

芯杆应准确地焊装在刀片应有的位置上。所有芯杆、刀片、撑脚均应焊牢、端正、尺寸准确、焊缝光洁、制作精细。

同时，刀片应均匀对称分布，使泥流均匀、畅通，防止人为地造成泥流快慢不匀。为保证坯体强度，所有刀片最厚处的断面积（刀背面积）的总和，应不超过砖坯孔洞的总面积，也就是说横担投影面积的总和不得超过芯头截面积。

3.3.2　芯杆

应由强度较大钢材如弹簧钢来制作，装芯头的一端有较长的一段螺纹，以便用螺帽来调整和固定芯头在机口中应有的轴向位置，并能经受住泥料挤出时的强大压力而不会移位，以免造成孔洞错位、孔壁厚薄不匀，影响砖坯质量。大的芯头可以用 ϕ 16mm 或更粗的芯杆，多孔砖的小芯头可以采用尖细根粗的变径芯杆，在套装小芯头的同时又有足够的强度。在往刀架上焊装芯杆时，最好先作一套工装样板，以确保其相对位置。对于硬塑成型，特别要求芯杆刚性要好、稳定，这样才不易变形。

3.3.3 芯头

芯头整体为锥形，其大头的尺寸和形状应与孔型一致，并加大0.5～1mm，以抵消泥条在脱离芯头时的孔壁回弹收缩。大头的一端应有6～10mm的一段设有锥度，以免因泥条离开出口后的惯性向外膨胀，造成孔壁开裂，如图3-8所示。由于芯头同时负有调节泥流速度的功能，不等长、不等锥的芯头阻力也不一样，可用以调整断面泥流速度的平衡。如：芯头越长阻力越大，泥流通过时的阻力也越大；芯头的锥度越大，相邻一对芯头之间的出泥通道越宽畅，泥流通过时的速度也越快。实践证明：大孔砖芯头锥度的大小对出泥量的影响比长度更大；而小孔砖的芯头长度则成了影响泥流速度的主要矛盾。

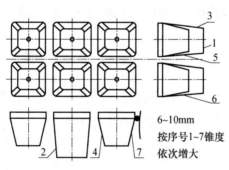

6～10mm
按序号1～7锥度
依次增大

图3-8 六孔砖芯头各部位的锥度

由于挤泥机本身就有中间泥流速度较快的特点，为此，一组多孔砖的芯头长度总是由砖坯截面的中心向四周递减，芯头的锥度则可以由中间向四周递增，一般中部芯头长70～100mm，逐步向四周递减到40～50mm，芯头的锥度则由中间的2.5%逐步向四周递增到25%。对于大孔的空心砖，可以把芯头做成两侧不等的斜度使对着砖坯中心一面的斜度小于另一面，以缩减中部的泥流通道，迫使更多的泥流涌向四周，以平衡中间较快的泥流。典型的六孔空心砖芯头各侧面的相对锥度的变化如图3-8所示。

41

在生产多孔砖坯时，现场应备有比标准尺寸长或短 10mm 左右的备用芯头，以便随时更换以调整断面上泥流的挤出速度，还可以准备一些废螺帽，在调节泥流平衡时套在芯头后面的芯杆上，以增加该处对泥流的阻力。

芯头在试生产时可以用外包铁皮的木材制作，一旦定型，即可以用铸钢、钢、陶瓷、玻璃等制作，中心穿孔，以便套在芯杆上。表面应强化，以延长其使用寿命，芯头应表面光洁、孔眼端正、尺寸准确，边棱倒圆，以免制品孔的四角应力集中，产生裂纹。其在芯架上的相对位置应与成品相符，对称均匀。初安装时，大头的平面应齐平，并缩进机口约 1mm，生产中再根据挤出情况，进行调整。

3.4 成型时应注意的事项及常见问题的防治

（1）安装时，应使机头、机口、芯具和螺旋绞刀轴的中线对正，使泥流均匀。

（2）对芯杆较细的多孔砖，应先用手工把机口芯头与芯头之间空隙填满泥料，使芯头的位置固定准确，以免开始挤出时，芯杆偏歪，孔洞移位。

（3）试车时，开始泥料应稍软，待泥条开始成型，才慢慢调整成型水分，直至合适。

（4）新机口或芯具刚换上时，常会不太正常，应细心调整。如是孔洞偏斜，壁厚不匀而调整无效时，应考虑加粗芯杆、修整刀片，使断面上的泥流基本一致。

（5）严重不匀的泥流速度，还会造成泥条裂纹，轻微时，在成型后往往不易发现，而在干燥和焙烧后才显现出来，损失就更大了。

检查时，可先将挤出的泥条沿机口断面垂直切掉，在机口上套装约为 30mm × 30mm 的均分泥条断面的网络，挤出 1m 长泥条，分别测量被分割开的小泥条的长度，其最大偏差应不超过

3~6%。否则，应调整。出料快的部位，可把芯头压进去一点，或在其后面套上一个废螺帽，以增加阻力；出料慢的地方，可以把芯头放出来一点，或换上一个较短的芯头，以减小阻力。

（6）一定要均匀给料，挤泥机的泥条是被挤出来的，给料不匀或挤泥机无料可进，就不会有泥条被"挤"出来。不仅如此，出不来的泥料跟螺旋绞刀一同旋转，摩擦生热还会造成泥缸严重发烧、泥条开裂。所以有的砖厂说：泥条越慢，问题越多。

（7）下班停机，最好把机口卸下洗净，以免下一班泥料干硬堵塞，无法生产。短时停机，也应在泥料上洒一些水，并用湿布包盖机口，以保持湿度。

（8）发现泥料挤不出来或局部走泥极少时，应立即停机，查找原因，以免损坏设备。

（9）坯条中间开花，像喇叭口一样向四周翻卷，挤出泥条明显中间凸出：原因是中间走泥太快，可以把中间芯头加长，或在中间芯头后面的芯杆上套个大螺帽，也可以在大刀片中部两侧各焊上一个三角形的分料角钢，迫使泥流向四周流动。还可以加大机口进料端四角向外扩大的圆弧，以增加四角的进泥量。

（10）挤出的泥条明显中间凹进：原因是中部走泥太慢，可以按上一条相反的办法处理。

（11）个别孔洞开花，向四周翻出：原因是该芯头的大头平面超出了机口出泥端的平面，应将该芯头压进机口，使大头平面缩进机口1mm。

（12）泥条出现锯齿裂纹：如是机口第二道内衬铁皮转角处水路缝隙较大，而第三道铁皮又没有水，则将出现有水小齿裂纹。如仅是第二道铁皮转角处缺水，出现的将是无水小齿裂纹。如果哪一支角的几道铁皮都缺水，则将出现无水大齿裂纹。如是后面的几道铁皮缺水，而前面的一两道铁皮水又过多，则出现的将是有水大齿裂纹，且在齿凹处有大量积水。对此，均应按其相应位置，调整水路。

（13）泥条烂角，如泥条四角都烂，且裂口尖端向后卷，原因是中间泥流快，四角泥流慢，应按前述第（9）条处理。如只烂一角，则是该处芯头超前或落后于其他芯头太多或该角两个边都严重缺水，应予调整。如是在正常生产中突然烂角甚至局部泥条缺裂松散，则是该处芯架或芯杆间卡有杂物，应清除。

（14）孔洞内部出现鱼鳞裂纹：如是个别孔洞出现裂纹，则是该芯头表面太粗糙或设计不当、位置不对，应打磨调整。如全部或大部孔洞内部都出现鱼鳞纹，则是泥料太干，芯头表面都粗糙或设计有误，应调整成型水分、修整芯头。如两孔间的肋被拉出有规律的月牙形纹，裂纹已经透穿，则是该处泥流不足，应修磨其两侧芯头的斜度，增大该处的泥流通道。

（15）泥条弯曲：如泥条一出机口就向一边弯，两侧外壁一边厚，一边薄，这是因为机口、芯具和螺旋绞刀的中线没对正，应重新调整。

如泥条向一边弯，两侧壁厚无异常，则是切条机泥床两侧不一样高，泥条向低的一方跑，应垫平。

如泥条呈"Z"字形前进，凹下处有时被拉烂，则是首节螺旋绞刀主叶和副叶的顶端不齐，或副叶已严重磨损变小，应修换。

（16）砖坯产生纵向裂纹（即刀架裂纹）原因是愈合长度不够，泥料二次结合不良，请参阅本章3.3节，芯具。

（17）孔洞变形：如是孔洞变小，可能是芯头严重磨损或缩进机口太多，应更换、调整。如孔洞移位或并芯，则可能是芯杆太细已歪斜，应纠正或更换。如孔洞下坍，则是泥料太软，应调整成型水分。如相邻两孔位置改变，但连成了一个大孔，则是两芯杆或芯头间卡有杂物，应清除。

（18）坯体变形：主要是泥料太软，应调整成型水分。也有可能是螺旋绞刀叶片严重磨损，叶片的螺旋角不对，机头、机口太短，以致挤压力不足，应予调整。如是在通过了切条机的泥床以后才出现变形，则应检查泥床上的托辊是否高低不平，或托辊上包有泥块，应调整清理。

44

（19）泥缸、泥条发烧：可能是泥料太干或机头、机口太长，芯具结构不当，以致阻力太大，应予调整。也有可能是绞刀叶片螺旋角太大，叶片推进面太粗糙，或泥缸内壁被磨得太光了，以致泥料在泥缸里的旋转运动太多，请参阅本章3.2节，螺旋挤出机，或在泥缸内壁镶焊肋条。

（20）泥条横向折断：可能是成型水分太低，应调整。或泥料的塑性太差，请参阅本书第2章2.2节。如泥条严重发烧并横向折断，应参照（19）条处理。如泥条在泥床上前进时上下跳动并折断，则是泥床上托辊高低不平或包有泥块，应调整或清理。

（21）成型裂纹的产生和防治：由于芯具调整没有到位以致挤出泥速不匀而造成的剪刀口、月牙形等裂纹。

由此而造成的典型裂纹如图3-9所示：

剪刀口裂纹　　　　月牙形裂纹　　　　弧形细裂纹

图3-9　泥速不匀造成干燥、焙烧后出现的几种典型裂纹

内外不同的泥流速度不仅使泥条沿前进方向被拉裂分层，层间气、水相对积聚，造成实心砖坯的螺旋纹、S形纹和空心砖分层，还会造成坯体中部密实，边部疏松。密实的含水较少，干燥收缩就少；疏松的含水较多，干燥收缩也较大。当两者的收缩率之差超过了泥料的弹性系数（1%～2%）时，将拉裂坯体。空心砖壁薄体弱，这一情况尤为突出，图3-9的剪刀口裂纹就是因泥流速度不匀而造成的干燥拉裂的典型。

剪刀口裂纹多出现在干燥后砖坯大面的中肋附近，裂纹可达4mm宽100mm长或更多。位置多从中肋孔角干燥的迎风面开始。

这种砖坯孔洞垂直静置常在1～3个小时后，朝上的顶面中肋孔角就开始出现裂纹。条面向下孔洞水平放置的砖坯，在底下的条面还基本没有收缩的情况下，顶上条面的长度迅速由 246mm 缩短至 241～242mm，可以明显看出砖坯大面成为上短下长的梯形，几个小时以后，也同样出现剪刀口裂纹。这就是因为泥料在挤出时中部太快以致砖坯中肋及大面中部泥料比边部挤得更紧，更密实，含水更少，干燥收缩也少。这样一来，干燥时，两边要多收缩，中间顶住不许收缩，就只有拉裂了。

这种速度差还可能造成边部泥料不足，把条面或某一个孔的侧面拉出如图 3-9 所示的分布均匀的月牙形裂纹。

有时，这种月牙形裂纹也会出现在某一条肋上，则说明该处泥料不足，当局部泥料不足的情况并不十分严重时，将在制品出窑后在该处出现均匀分布的弧形细线裂纹。

这类干燥、焙烧后才开始出现的裂纹必将给生产带来不可挽回的损失，这就要求我们必须以预防为主，在挤出成型阶段就及时发现，确实弄清，正确解决，把损失消灭在发生之前。

既然它们都是缘于挤出断面的泥流速度不匀，我们就应首先看是哪一部分快，哪一部分慢，相差多少，采取相应措施进行调节，使其基本一致。即找出部位，查明原因，疏堵结合，力求平衡。

在生产多孔砖或空心砖时，合理制作芯具，利用其相关零件调整各部阻力，使泥流挤出速度尽量达到基本平衡十分关键。

泥流速度不匀有以下几种情况：

①上、下、左、右不匀：这是机头、机口、芯具和螺旋绞刀的中心线没有对正，常把机口往泥流速度较快的方向挪动一点即可。

②中间速度快：这是最常见的，可以把快的地方换个较长的芯头，慢的地方换个较短的芯头，或在较快的地方的芯头后面套一个大螺帽以增加阻力，减慢泥速。还可以在大刀片的中间两侧分别焊上一块三角铁，如图 3-10 所示，把泥流分向两边。如果焊上以后中间泥速太慢则可以把三角铁磨去一点，如还嫌泥速快，可再堆一层电焊。

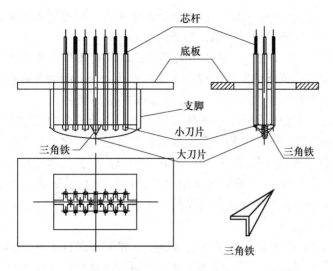

图 3-10　焊三角铁分流

③两根肋的交点出泥快：可以在该"十字路口"处顺泥流方向焊一根长度不超过芯头小端的分流柱，如图 3-11 所示，把泥流分向两边，如果焊上以后该处泥流太慢，可以把分流柱割短一点，直至泥速基本平衡。

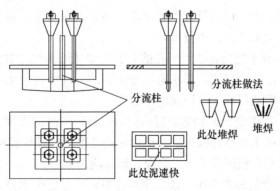

图 3-11　焊分流柱

④只某一根肋的速度快：可在这一根肋两边的芯头对着肋的表面（斜面）焊上 1～2 条宽约 4～6mm，高约 1～3mm 的焊道，

以阻止泥流快跑，如焊了以后该处泥流太慢，则可把焊道磨掉一点，直至泥速平衡，如图 3-11 所示。

（22）由于孔形、芯头不合理造成制品孔角应力集中产生放射性裂纹：这种情况多出现在矩形孔多孔砖上，因为其孔小，四角没有倒圆或倒圆的半径太小，而造成的应力集中。

由于其角度越小，应力集中越严重，锐角的应力集中现象就比钝角严重得多，和同一角度的圆角半径越大，应力集中现象越小，而《烧结多孔砖》（GB 13544—2000）对孔的圆角没有具体规定，所以在生产矩形孔烧结多孔砖时可以在保证孔洞率大于25%条件下把矩形芯头的两端的平头改为半圆形头，从根本上消除这一隐患。

（23）由于人为因素造成的裂纹：如湿坯码得太高，底层坯受不了产生压裂，干燥时叠压处不通风，脱水慢，收缩也慢，迎风面干得快，收缩也快，在其交界处产生拉裂，则应根据具体情况少码几层，降低成型水分，提高坯体强度来解决。

3.5　砖　型

砖型设计不仅应符合国家标准，满足建筑要求，也应充分考虑生产的技术条件，主要有：

（1）由于是挤出成型，孔的布置，整体形状均应对称。除抓孔外，其余孔的尺寸、形状应尽可能一样。孔型也力求规则，最好是简单的几何形状，以便制作芯头。

（2）考虑到干燥和焙烧时的均匀一致和成品的强度，外壁和内肋的厚度不可悬殊太大，一般内肋的厚度是外壁厚度的 65%～75%，以利它们同步干燥、升温，防止应力集中。

（3）当制品本身不可能完全对称时，应考虑一次挤出双泥条的办法，使芯具和挤出断面整体对称，以利成型。

本章复习

成型多用挤泥机，挤出压力应适宜，
真空挤出质量好，坯体密实强度高。
个别参数须调整，挤出效率能提高，
变螺距的绞刀好，螺旋角度很重要。
机头机口稍缩短，绞刀转速不能高，
成型水分加一二，挤出顺利质量保。
砖型设计须规范，不能随心所欲干，
建筑施工应考虑，生产条件也须看。
孔型规则好加工，排列对称泥畅通，
孔径相近应力匀，壁厚肋薄要适中。
芯具根据砖型干，孔型排列第一件，
加工困难应想到，泥流通道最关键。
结构简单又明了，排列对称很重要，
刀片薄点阻力小，芯杆坚固防歪倒。
愈合长度莫轻视，长点更比短点好，
芯头有角须倒圆，大头四周锥度消。
主刀片，责任大，弹簧钢板廉且佳，
芯头芯杆小刀片，全都在它身上架。
相对位置应准确，焊接牢实无虚假，
只有芯具质量好，生产顺利才能保。
挤泥机，脾气怪，中部泥流跑得快，
如不及时来限制，泥条一定被拉坏。
限制它的办法多，中部通道要紧缩，
泥流通道变小了，看你知何加快跑。
主刀片的两侧面，中部阻力添一点，
焊上两块三角铁，迫使泥流分两边。
如果泥速差别小，调整芯头办法巧，
芯头压进阻力大，退出一点阻力小。

芯头后面套螺帽，挡住泥流不快跑，
快处换个长芯头，慢处芯头减短好。
多孔砖的芯头多，中长边短成斜坡，
强迫泥流边上跑，挤出均匀质量保。
空心砖的品种多，两孔三孔或更多，
大多方孔矩形孔，暂且举例说一说。
两孔砖，芯头方，两边斜度不一样，
斜度小的向中间，斜度大的向外方。
孔型一样三孔砖，中边芯头不一般，
中间芯头锥度小，锥度大的放两边。
机口芯具安装好，生产顺利才能保，
三线合一很重要，芯头缩进机口巧。
多孔（砖）机口预填满，千万不能想偷懒，
否则孔洞挤一边，半空半实才叫惨。
泥条本来四角软，机口摩擦易拉烂，
必须给水润滑好，泥条四棱才能保。
万一裂口出现了，冷静观察毛病找，
对症下药来处理，故障排除质量保。
小口无水裂纹多，二级（铁皮）缺水不用说，
小口有水裂纹现，三级缺水在捣蛋。
大口裂纹成了串，肯定水路全阻断，
都应停机掏机口，洗净疏通重新干。
大口裂开往后翻，开裂之处有水显，
原因中部泥太快，拉烂边棱问题现。
近年有用油机口，泥条光洁效益有，
挤出阻力降低了，砖机负荷定减少。
泥条没有表皮水，干燥就像飞毛腿，
切坯台上不抹油，省事节油不后悔。
油比水的润滑好，机口铁皮耐用了，
举手之劳能办到，节能降耗效益高。

第4章 干 燥

　　人们有这样的经验：晾在外面的衣服比晾在屋子里的衣服干得快，这是因为晾在外面衣服通风好；热天晾衣服比冬天干得快，这是因为水分蒸发时需要热量；抖散开的衣服比叠压在一起的衣服干得快，这是因为抖散开的衣服和空气的接触面积大，风"吹"走水汽的机会更多。

　　砖坯在干燥过程中也具有这些共性，同时还具有因砖坯本身的特殊情况而具有的另外的特性，这些特性是：

　　（1）砖坯有一定的厚度，如我国的实心砖有53mm厚，空心砖的壁也有十几毫米厚，就像是叠起来的衣服一样，干燥要困难得多。

　　（2）衣服是柔性材料做的，可以加大通风提高干燥速度，不用担心衣服会产生裂纹。

　　我们还有这样的经验，艳阳高照和干风季节晾在外面的衣服很容易干透，而阴雨绵绵和大雾天气晾在外面的衣服简直就干不了。这是因为：水汽要靠空气（风）的流动把它带走，衣服才会干。而空气带走水汽的能力有一个限度，一旦空气中所含的水汽已经饱和，就再也带不走"新来的"水汽了。

　　这就和公交车一样，来一辆空车，可以装走很多乘客，但来一辆已经满载的公交车，就挤不上几个人了。

　　我们更有这样的体会，饼干、花生米等必须密封保存，一旦裸放在外面就要"回潮"不脆了。因为环境中绝对干的空气是没有的，就是大晴天里空气也有百分之几十的相对湿度，而饼干、花生米等，往往是干透了的，裸放在空气中哪能不吸潮呢？

　　我们也有这样的经验：一张湿毛巾和一张干毛巾裹在一起，

很快干毛巾变得湿了，而湿毛巾变得干了一些。这是因为水分有一个从较湿的地方向较干的地方"自行转移"的特性，这种特性叫"湿传导"。两条毛巾裹得越紧，这种湿传导越快，直到两条毛巾的干湿程度一样了，这种湿传导也就自动停止了。

砖坯就不一样了，砖坯是黏土、页岩、粉煤灰等材料挤压成型的，没有柔性，弹性也极小（弹性系数才1%~2%），干燥环境和干燥速度都会受到限制，稍有不慎就会在砖坯表面留下裂纹，甚至造成裂口折断而成为废品。

为此，在砖坯的干燥过程中我们必须根据它的这些特点分别采取措施，才能使砖坯既干得快又干得好。

4.1　砖坯干燥

砖坯干燥是其塑性成型的逆过程。成型时依靠吸附在泥料颗粒表面而成为不能任意流动的完整的水膜（吸附水）和水膜以外的自由水所形成的足够的粘结力而挤出成型，而在其后的干燥、焙烧过程中又必须首先把这些水分全部排出。因此，砖坯成型时用的水越多，干燥焙烧时需要排出的水量也越多。所以盲目增加成型水分尽管成型较为容易，但砖坯太软，以后的工序麻烦更多，全面考虑，得不偿失。

须知，砖坯在干燥和焙烧的过程中，把1kg的水变成1kg的水蒸气，需要1300大卡（cal）的热量，而这1kg的水蒸气又需要约30m³的空气才能把它们带走。

如果砖坯的成型水分增加1%，对一块3kg的普通实心砖坯来说，只多了0.03kg水，实在不多，问题是我们生产砖是以万、十万、百万、千万来计算的，这个1%也就变成庞然大物了。

还是拿1%的水分来说，一块砖坯含0.03kg水，一万块砖坯就含有300kg水，至少要有39万大卡的热量才能把它们全变成水蒸气，这就需要消耗56kg标准煤，同时这些水蒸气还需约9000m³的空气才能把它们带走。就砖厂目前常用的离心风机来说，当全压为 1000Pa 左右时，每排出 1 万 m^3 空气需 4 ~ 7kW·h 的电能。则每生产 1000 万块砖坯，就这一个百分点的水分就要多用 56t 标准煤和 4000 ~ 7000 度电，一两万块钱就没有了。如果增加的成型水分是 2%，产量是 5000 万块呢，损失就更大了。

不仅如此，由于在干燥过程中，随着成型水分的排除，泥料颗粒互相靠拢，坯体产生干燥收缩，而且，砖坯在干燥过程中所排出的成型水分的体积基本上等于其收缩的体积。因此，砖坯的成型水分越高，其干燥时的收缩量也越大，产生干燥裂纹的威胁也越严重。所以，在同样干旱的条件下，水田的裂口要比旱地大得多。

如上所说，砖坯在干燥时变成了蒸气的水，要靠其周围的流动空气带走，实际上只有砖坯的表面才能和空气充分接触，也只有在其表层水分开始脱去后，砖坯内部的水分才可能通过毛细孔逐步渗透到表层接触空气蒸发脱去。所以，砖坯的干燥是由表及里循序渐进的。这就带来了一个问题，较为干燥的砖坯表层要产生收缩，而较为湿润的砖坯内部没有收缩，如果它们之间的尺寸差的百分比超过了泥料的弹性系数（1% ~ 2%），必将砖坯的表层拉裂，产生干燥裂纹。砖坯的成型水分越高，需要的干燥时间越长，这种威胁也越大。须知，干燥过程只能增加坯体的缺陷而不是减少。在生产中，干燥阶段所造成的损失数量往往比焙烧时更多。

大家知道：砖坯的成型水分越高，砖坯越软，在码坯和搬运过程中越容易损坏。试验表明：对于瘠性原料，成型水分减少 2 个百分点，肥性原料减少 4 ~ 6 个百分点，砖坯的强度都将增加一倍。

最后，在焙烧时把各种松散的矿物混合物通过高温使它们产生一系列的物理、化学反应，转化为质地坚硬、性能稳定的制品——烧结砖。

在焙烧过程中，当温度达到了泥料的烧结温度时，一方面泥料颗粒膨胀、软化、互相咬住；另一方面，部分熔点较低的颗粒熔化流动渗入到其他尚未熔化的颗粒之间把它们粘住，冷凝后形成坚硬的制品。显然，挤出的砖坯越硬，密实度就越好，各种粉料就挤得越紧，在达到烧结温度时它们就越能紧密团结，冷凝后就更坚如磐石了。看来，"一硬遮百丑"确实是烧砖的至理名言。

影响干燥速度和干燥质量的原因很多，除干燥过程本身和成型水分以外，还包括泥料特性、颗粒级配、泥料处理及挤出成型中的失误都会留下隐患而造成干燥废品。

4.2　矿物性能

这里主要是指矿物泥料在干燥时的线收缩率。几种主要矿物的干燥线收缩率见表4-1。由于蒙脱石（膨润土）的干燥线收缩率太高，所以泥料中蒙脱石的含量超过20%时，干燥裂纹几乎无法避免。

表4-1　几种矿物的干燥线收缩率

矿物名称	干燥线收缩率（%）
高岭土	3～10
伊利石	4～11
多水高岭土	7～15
蒙脱石	12～23

生产中常以干燥敏感性系数来评价泥料的这一性能。

砖坯的临界水分（或称临界含水率）是干燥中的一个重要工艺参数，当坯体内的水分小于临界水分以后，可以加快干燥速度而不会产生干燥裂纹，而在此以前的干燥过程则应特别小心，严防裂纹产生。

由于临界水分是坯体表面停止收缩时的平均含水率，所以影响临界水分的最根本的原因是原料本身的性质。当干燥的技术条件（空气的流速、温度、相对湿度）一定时，临界水分也是个常数。

对同一种泥料来说，成型水分越高，其干燥敏感性系数也越大，干燥时产生干燥裂纹的威胁也越严重。

通常，泥料的塑性指数越高，干燥线收缩率也越高，其干燥敏感性系数也越高。

泥料的干燥敏感性系数是决定砖坯干燥制度最基本的技术参数。试验表明：在干燥设备、成型设备、生产工艺完全相同的条件下，用干燥敏感性系数为 2.24 的泥料生产的砖坯只能用 65℃的热风经 33 个小时才能顺利干透，否则将产生严重的干燥裂纹。但对用干燥敏感性系数只 0.7 的泥料生产的砖坯则在 150℃的热风下只需 10 个小时就完全干透了，而且没有干燥裂纹。生产实践告诉我们：当泥料的干燥敏感性系数小于 1 时，干燥的困难较少，一旦干燥敏感性系数大于 2，麻烦就多了。

生产中，可以利用不同矿物的特性充分混匀以改进泥料的性能。如在生产粉煤灰砖时掺入蒙脱石或肥性黏土作粘结剂；对于干燥敏感性系数太高的泥料掺入粉煤灰、炉渣、废砖粉等瘠性材料以降低其干燥敏感性系数等。

4.3　合理的颗粒级配

尽管颗粒越细，比表面积越大，水分越容易渗透，泥料的塑性也越好。但作为粗陶制品的烧结砖并非如此。因为，全是极细的粉料不利于制品的干燥和焙烧，而不同粒度的粉料在挤出成型的过程中所起的作用也不一样，它们相辅相成，互为依托。其中，粒径小于 0.05mm 的粉料，称塑性颗粒，用于挤出成型时产生所需要的塑性，应占 35%～50%。其次是粒径 0.05～1.2mm 的颗粒，叫填充颗粒，其作用是控制产品所发生的收缩，防止干燥裂纹以及在塑性成型时赋予坯体一定的强度，宜为 25%～65%。至于粒径为 1.2～2mm 的颗粒，在坯体中起骨架作用，有利于干燥时产生一定的毛细孔而排出坯体中的水分，应少于

30%。绝不允许有粒径大于 3mm 的颗粒，在生产空心砖时更不宜有大于 2mm 的颗粒。过多的细颗粒挤压成型后将因孔隙太少，干燥时内部水分排出困难，最后造成干燥裂纹。

4.4　泥料的处理和成型

泥料在处理和成型过程中的许多隐患，如：没有充分混匀的泥料、粒度大于 3mm 的颗粒，挤出成型时由于挤出断面上的泥流速度差而造成的泥料分层、螺旋纹、S 形纹、剪刀口裂纹、月牙纹等将在干燥或焙烧后，以裂纹的形式暴露出来造成废品。

4.5　干燥制度

4.5.1　干燥阶段的划分

由于砖坯中的水分分别以紧紧吸附在颗粒表面形成水膜的吸附水和被挤压积聚在颗粒之间的自由水两种形式存在。在干燥过程中，自由水首先蒸发排出，同时相邻颗粒迅速占有自由水排出后的剩余空间而相互靠拢，坯体产生收缩。由于干燥总是由坯体外层向内逐步进行，收缩也总是外快而内慢，造成内部被外部压紧，外部向内部挤胀，一旦这种压紧和挤胀超过了泥料的弹性系数（1%～2%），必将胀破坯体表层，产生干燥裂纹。尤其在干燥的初期阶段，砖坯表层的自由水迅速蒸发，同时内层的自由水依次向表层移动形成内湿外干的湿度梯度，由于这时砖坯本身的含水量较高，其与周围环境的湿度差较大，脱水速度和干燥收缩速度也较快，到本阶段结束，约可脱去其水分的 20%～50%，收缩量也将达到其总收缩量的一半，是最容易产生干燥裂纹的危险期，这一阶段常为 24～72 小时，对干燥敏感性系数大于 2 的泥料制成的砖坯有时要一周以上。并均以砖坯表面已均匀变色，触摸时手上没有湿印为本阶段结束的标志。

进入干燥的中期阶段后，表层的自由水已基本脱去，砖坯深部的水必须在先扩散到表层以后才能蒸发脱去，砖坯的干燥和收缩度明显减慢。至本阶段结束时，自由水已基本排完，干燥收缩也基本结束。这时，紧裹在颗粒表面的吸附水才开始蒸发。由于吸附水要在挣脱了颗粒约束获得自由以后才能从缝隙中挤到砖坯表面蒸发脱去，比自由水困难多了，因此在同一干燥条件下，脱水速度大幅度下降。但因已停止干燥收缩，产生干燥裂纹危险已不存在，可以采取提高热风温度、降低相对湿度的办法来加速干燥。

4.5.2 临界点和临界含水率

如前所述，在干燥的中期阶段结束以后自由水已基本排完，干燥收缩也基本结束，可以加快干燥。在试验室恒温恒湿条件下得到的干燥曲线上可以发现这一从等速干燥阶段到降速干燥阶段变化的转折点，如图4-1中的L_G称为临界点。该点的坯体含水率称临界含水率，越过了该点的砖坯可以放心地升温、减湿、风吹、日晒而不会产生裂纹。

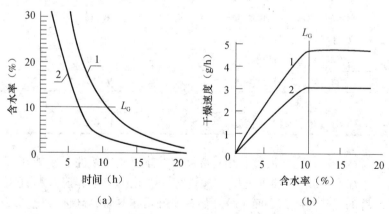

图4-1 同一种泥料在不同干燥制度时的脱水曲线

试验表明：临界含水率主要取决于泥料本身的性质。图4-1

是同一根泥条在不同干燥制度下的干燥曲线，几乎有同一个临界点。此外，也与坯体内部水分移动及蒸发率有一定关系。一般说来，空气的相对湿度越小，流速越快，坯体越厚，成型水分越多，其临界含水率也较高。

图 4-1 曲线中的直线部分说明此时的干燥速度是恒定的，且较快。这时坯体表面的蒸发速度和其内部水分渗透向表面的速度是一样的。这就要求内部的水分聚积有足够的能量以迅速挤过孔隙，挤向表层递补已蒸发的表层水。从等速干燥阶段到降速干燥阶段产生了干燥本质的变化，即从脱去坯体中的自由水变为脱去颗粒的吸附水，这就需要消耗更多的能量。

表 4-2 列出了几种泥料坯体的临界点，可以看出不同矿物及同一矿物不同细度的泥料的临界点是不同的，其含有黏土的成分越多，粉料越细，临界点也越高。这是因为黏土和细颗粒越多，表面积就越大，吸附水也越多的缘故。

表 4-2　几种原料制成的坯体临界点

原　料	临界点（%）
没有填充料的细颗粒黏土	20 ~ 30
掺有 50% 填充料的细颗粒黏土	10 ~ 18
掺有 50% 填充料的粗颗粒土	6 ~ 8
掺有 50% 填充料的高岭土	6 ~ 10
掺有 70% 填充料的高岭土	9 ~ 12
磨细了的低塑性硬质页岩	5 ~ 7
不加填充料的耐火黏土砖坯	10 ~ 12

在一定的空气温度、相对湿度和气体流速的条件下（如在人工干燥室中），坯体温度随干燥进程而变化：先是等速升温直到环境的湿球温度，表面水分开始蒸发并带走热量，坯体温度和环境湿球温度保持基本一致。到达临界点后，坯体温度再次上升，直到环境的干球温度，干燥结束。

我们知道，冬天干风季节，天虽冷，只要有风，衣服容易晾干；而闷热的夏天，闷热无风，晒的衣服还是很难干透。蒸笼里的馒头，虽有100℃的高温，但不透风，馒头总是湿润的。

这是因为干燥包括两个过程，即水分吸热汽化和水汽被空气带走，缺一不可。因此，干燥时空气须在其表面不断流动以带走水汽。试验表明，相对湿度才50%的空气在接近坯体表面时其相对湿度可迅速升高到90%，被这些静止的高湿空气包围的砖坯怎能脱水！因此，控制空气在砖坯表面的流动量也是控制其脱水速度的一个关键。

须知：空气带走水汽的能力是有限的，并随空气温度的升高而增加，不同温度的空气的饱和含水量（饱和绝对湿度）见表4-3。在其他条件不变的情况下，空气的流速越快，流量越大，单位时间所能带走的水汽也越多。试验表明：气流方向垂直于坯体表面比平行于坯体表面时的干燥速度大一倍，但这种直吹表面的干燥方法将造成坯体迎风面和背风面干燥速度悬殊，收缩不匀而产生裂纹。对于空心砖干燥时更应孔洞迎风，以免开裂。

表4-3　空气在不同温度时的饱和含水量（g/Nm³）

空气温度 （℃）	饱和 含水量	空气温度 （℃）	饱和 含水量	空气温度 （℃）	饱和 含水量
0	4.84	35	44.67	70	248.70
5	6.92	40	58.62	75	308.04
10	9.74	45	76.20	80	378.85
15	13.52	50	98.13	85	463.21
20	18.56	55	125.23	90	569.19
25	25.14	60	158.68	95	679.53
30	33.70	65	199.40	100	800.99

4.5.3　干燥收缩

干燥中的坯体收缩是不可避免的，并直接影响干燥质量。实践证明：同一泥料在挤出成型时其在垂直于压力方向上的干燥收缩比在平行压力方向上的收缩更大也更快，所以在普通实心砖的条、顶面上更容易出现横向裂纹。

图 4-2 是两种黏土在同一条件下干燥时的收缩曲线，可以看出，细黏土的干燥收缩比粗黏土大得多，且其干燥收缩及干燥时间几乎成直线关系。

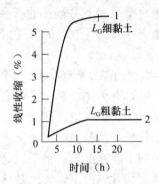

图 4-2　黏土的干燥收缩

图 4-2 中 L_G 是干燥收缩曲线上的临界点，即干燥线性收缩的终点，其前面的一小段几近平直线，说明其干燥收缩极小，坯体中的自由水已完全脱去，颗粒间已完全接触形成了骨架结构，阻止了它的继续收缩。

在干燥期间的不均匀收缩所产生的应力是砖坯产生干燥裂纹和翘曲的主要原因，而坯体中湿度梯度过大的差异则是产生这种应力的源泉，其中干燥制度不合理、混料、水分和成型压力不均更是造成湿度太大的根本原因。

4.5.4　实际干燥过程

砖坯的理想干燥曲线如图 4-3 所示，Ⅰ 是干燥初期阶段，是升温预热阶段，这一阶段的主要任务是升温而不是干燥，目的是要砖坯里外的水分都升温蓄能，以便在进入干燥阶段后能迅速挤向表层，递补表层水分脱去后留下的空间，减小湿度梯度，防止干燥裂纹。所以在这一阶段的气流应保持在 95% 以上的相对湿度的高温高湿状态，使砖坯在这一阶段尽可能地只升温不脱水，或极少脱水，直到坯体温度上升到该处气流的湿球温度。

图4-3中的Ⅱ是干燥的中期阶段，是砖坯的等速干燥阶段，干燥收缩也基本发生在这一阶段。为防止干燥裂纹，在这一阶段理想状态的气流应是恒温减湿，以均匀而迅速地脱去坯体的自由水，到达临界点进入干燥的后期阶段Ⅲ。这时，坯体收缩已经停止，可以升温降湿，以脱去坯体中的附着水。

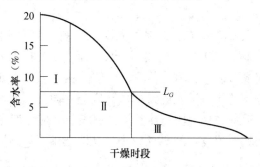

图4-3 理想的砖坯干燥曲线

因此，在采用自然干燥时，对于用干燥敏感性系数较高的泥料制成的砖坯在干燥的初期阶段务必采取低温高湿干燥法，即保持环境温度约15℃～25℃，相对湿度60%～70%，风速1～3m/s。为此，砖坯应密码上坯，随时遮护，防止水汽迅速流失，使坯垛周围保持一个相对湿度高，空气基本静止温柔的小环境，以尽可能缓慢地脱水。经3～7天，砖坯表面开始变色，拿坯时手上没有湿印，说明干燥初期阶段已经结束，应即翻坯花架。花架时应把砖坯上下易位，里外调头，使脱水均匀，减免压裂，并配合"三勤十放"的护晾操作方法，可以取得令人满意的效果。三勤指勤揭、勤盖、勤检查，十放指先放夜风、早晚风、背风、小风、背阳风后放日风、正风、大风、正阳风，最后揭盖放风晒太阳。

对于逆流式隧道干燥室则应以调整送热、控制排潮、均衡进车、定人检测等手段，使干燥室的预热段、干燥段分别经常保持在干燥的初期阶段和中、后期阶段。其具体表现应该是进车口排出气体的相对湿度为95%，温度为35℃～45℃，整个预热段均处于干燥的初期阶段，气流的相对湿度都保持在80%～95%，以使砖坯处于一个高温、高湿的环境，坯体只升温不脱水，以防止干燥裂纹。在干燥室的干燥段则应保持为干燥的中、后期阶段，其气流的相对湿度不得大于80%，以免气流前进到预热段时温度下降，相对湿度上升，一旦达到饱和湿度，必将造成预热段砖坯凝露、吸潮、软化、坍塌。

对于正压排潮的逆流式隧道干燥室，一旦出现进车口排出气体的相对湿度小于90%，应关闭或减小预热段的排潮口，迫使部分潮湿气流继续前进，增大预热段气体的相对湿度。如果检测发现干燥段气体的相对湿度达到80%，则应立即打开或加大该处排潮孔排潮，以免在预热段坯体凝露、坍塌，并应随时监测，一旦该处气流的相对湿度降到80%以下，立即把排潮口还原，以免浪费热能。

对于室式干燥室等间歇式的人工干燥室来说，由于有比隧道式人工干燥室更大的灵活性，可以根据砖坯规格分别掌握：在初期阶段保湿升温以预热，中期阶段恒温降湿以脱水，后期阶段升温减湿以加速干燥。

4.6 砖坯干燥后出现的缺陷及防治

4.6.1 变形

砖坯成型水分太高，坯体太软，码坯时手太重造成砖坯弯曲、压凹。防治办法是在砖机允许的条件下尽可能地减少成型水分，提高坯体强度和操作中轻拿轻放。

4.6.2 压、拉裂

坯垛或车面不平、码坯太高，被压折断或坯体叠压部分脱水较慢，收缩也较慢，而未叠压部分与空气直接接触脱水较快，收缩较多，同一块砖坯干湿差别太大在交界处被拉裂。防治办法：一是垫平坯埝或车面，少码一两层；二是码坯时不要用力太猛，上下层之间压得太紧；三是适当减缓干燥速度，减小同一坯体的干湿差别。

4.6.3 风裂

常出现在砖坯的条面上的横向裂纹，甚至横向贯穿裂开。原因是风速太快，砖坯表面迅速脱水干燥收缩，中部干燥慢，基本没收缩，拉裂表层。防治办法是：砖坯在干燥的初期阶段以前及在干燥室的进车端附近，防止大风急吹。如自然干燥时强化遮护，防止风吹；人工干燥时保持坯垛和顶部的间隙为50mm以内，防止顶部、两侧风速太快吹裂顶、侧砖坯，以及定时进车，保持正常循环。

4.6.4 酥裂

裂纹极不规则，多为鳞状或网状分布，稍受外力即碎裂脱落。造成这一问题的原因较多，如环境温度低于0℃，坯体残余水分结冰；较干的砖坯在十分潮湿的环境下吸潮膨胀。为此应把砖坯干燥到残余水分在6%左右，并注意不要让砖坯在较冷或潮湿的环境中长期存放，以致吸湿回潮。

4.6.5 网状裂纹

砖坯表面出现蜘蛛网似的互相交叉的不规则裂纹。凡被雨淋过的砖坯再度干燥时均将出现网状裂纹。另外，在干燥的初期阶段表层脱水太快，迅速收缩，被还没有来得及脱水的内部泥料胀破。防止的办法是勤遮护，防止砖坯淋水及在砖坯干燥的初期阶段有一个相对温柔的环境。人工干燥时的预热段气流的相对湿度为80%~95%。

4.6.6 发状裂纹

坯体表面出现细如发丝，没有任何分叉的不规则裂纹。常发生在干坯受潮再次干燥以后。应注意干坯及时入窑，如需贮坯，不可受潮。

4.6.7 结构裂纹

由于挤砖机的某些技术参数不尽合理，设备维修没有跟上，以及生产多孔砖、空心砖时因芯具问题造成的干燥后才显现的螺旋纹、S形纹、刀架裂纹、月牙纹、剪刀口纹等不属于干燥本身的原因，本文不赘述，请参阅《四川建材》2004年第6期的《预防为主——浅析烧结多孔砖、空心砖的成型裂纹》。

4.7 人工干燥时注意事项

与自然干燥相比，人工干燥具有大量节约土地和提高干燥效率，节约人力，减少砖坯损耗和遮护材料消耗以及充分利用余热等优点，已在许多砖厂推广应用。

在自然干燥时的初期阶段，采取加强遮护、减弱气流、保持"温柔的"小环境，在常温下尽量使坯体内外水分同步移动，缓慢蒸发以减免干燥裂纹。在人工干燥时的初期阶段，则采取在高温饱和湿度的环境下使砖坯稳步升温而极少蒸发。进入干燥段后砖坯内外水分温度均已同样升高，内部水分能迅速"挤"至表层补充其已蒸发了的水分，达到坯体内外水分尽可能地迅速同步移动，既成倍加速脱水又不产生干燥裂纹。

目前通用的人工干燥室有连续生产的"隧道式人工干燥室"和间歇生产的"室式干燥室"两种。

隧道式人工干燥室全长分为三段，其中：从进车口到送热道的终点叫"预热段"，整个送热的部分（即有送热口部分）叫"干燥段"，剩余的部分直到出车口叫"冷却段"。为保证砖坯在预热段能有一个只升温不排潮的湿润环境，应经常检测该段排潮气体的相对湿度是否保持在95%以上。否则，应关小干燥段的排潮口，使湿气进入预热带，以增加相对湿度。与此同时，为防止干燥段的饱和湿气进入预热段造成冷坯凝露、吸潮垮坯垛，还应经常检测干燥段的排潮气流的相对湿度必须小于90%，否则，应开大干燥段的排潮口，及时排除相对湿度较高的潮气。

隧道式人工干燥室属连续生产，为保持干燥室内各段正常的温度和湿度基本不变，就必须保证按时进车，以免室内气流中的水分波动，打乱循环，降低干燥质量，出现大量废坯。

间歇生产的室式干燥室湿坯码入室内不动，码满一室，关门送入热风，脱水排潮，砖坯干好后卸出，完成一个循环。

由于砖坯不动，所以室式干燥室没有明确的"三段"，但每一循环的干燥过程仍应通过调整送热闸门按照"三段"的要求从严控制，一般24～36小时可以完成一个循环。

尽管室式干燥室每一循环都要经历一次升温——保温——放热降温的过程，热量损失较多，但因其投资少、建造快，并可根据砖坯的不同品种（如实心砖、多孔砖、空心砖等）分别选用不同的热风温度、升温和保温时间等热工参数，十分灵活，特别适宜于中、小砖厂。

4.8　自然干燥时注意事项

为了减少干燥裂纹，空心砖在干燥过程中必须注意以下几个问题：

（1）适当降低原料的塑性指数

在保证成型的条件下，对肥性泥料适当掺入粉煤灰、煤渣、页岩、煤矸石甚至废砖粉或砂质土壤等瘠性材料，使混合泥料的整体干燥敏感系数降到小于1。如南京新宁砖瓦厂二十多年来一直用一种中等塑性的黏土，掺入15%左右的煤渣，只用一次破碎、一次搅拌、普通挤砖机挤出成型的生产工艺，生产出孔洞率为 20%～29% 的多种规格的多孔砖和孔洞率为 30%～45% 的空心砖，产品的最大尺寸达到 290mm×290mm×150mm，是普通砖体积的 8.6 倍。采用自然干燥，不仅干燥周期比实心砖缩短 1/5～1/3，干燥废品率亦少于 5%。

（2）孔型和砖的尺寸

如前所述，为避免砖坯内肋和外壁的不均匀收缩及泥料内应力过大的差异，应尽量使孔型规则、转角圆滑、排列对称、尺寸接近，以及肋和壁的厚度不可悬殊过大。

同时，还应注意制品外形的比例关系，对小孔、多孔砖，其宽厚比越大，孔的相对湿度也越大，内肋与外壁脱水速度的差异也越大，不仅其所需要的干燥时间更长，其产生干燥裂纹的威胁也更大。这是因为十几毫米直径的小孔对于热风有较大的阻力，通风不良的内肋与相对通风良好的外壁的干燥速度悬殊增大，所以小孔、多孔砖坯的厚度不宜大于宽度，即孔深应小于砖宽。

对于大孔、少孔的空心砖，当其长宽比大于 1 时，干燥速度将明显减慢。而其表面的均匀凹槽则增加了和空气的接触面积并有利于坯垛通风，加快脱水。如长度在 1m 以上的楼板砖坯，就要放在坯板上并与地面有一定倾角的情况下单块缓慢干燥才行。

此外，成型时的许多隐患如成型水分、坯体各部的密实程度，内肋疏松、"S"形纹、螺旋纹的隐患，愈合长度不够等留下的暗伤和石子、杂质、混料不匀等留下的后遗症，都常在干燥和焙烧后才暴露出来，造成的损失会更大，应充分注意。

（3）坯垛码架高度

空心砖坯的强度不如实心砖，孔洞率越大，强度也越低，因此码坯高度也应降低 1/3 左右。因其比实心砖干得快，当干燥初期阶段结束，坯体强度增加，在花架翻坯时可以把两条坯垭上的砖坯合并在一条坯垭上，因此同一晾坯场的生产能力可以增加 20% 左右。

（4）注意砖坯的架码形式

由于气流有一个通过截面小于 10cm^2 的孔洞时，阻力急剧增大，而在通过截面大于 $15cm^2$ 的孔洞时阻力甚小的特性，而多孔砖孔洞截面多小于 $10cm^2$，空心砖孔洞截面多大于 $15cm^2$ 的具体情况，在码坯垛时应该注意：

对厚度比较小的多孔砖，应以大面迎风，即风向对着孔洞或顶面，以免产生由孔洞向内延伸的小裂口。

任何一种空心制品，如果以面积最大的实面迎风，由于气流经过砖坯缝隙折向砖坯的孔洞十分困难，势必造成砖坯迎风面和背风面之间、外壁和内肋之间脱水速度悬殊而易于产生裂纹。因此，对宽厚比较大，即顶面面积较大的多孔砖坯应采取风吹洞的码坯形式，并应适当减慢初期的干燥速度。大孔的空心砖坯更应如此。

个别的异型砖坯，如拱壳砖、花格砖，其孔大、壁薄、不对称，湿坯根本无法使孔洞迎风码垛时，可以先用孔洞朝天的形式齐缝叠码，孔洞互相对正，等干燥的初期阶段结束花架时再行翻转。外壁有凹槽的空心砖坯，在码垛时应凸对凸、凹对凹以加大通风间隙和增加砖坯之间的有效接触面积，防止压垮变形。

（5）及时花架翻坯，减轻压裂，加速干燥

实践证明，砖坯干燥的头一两天为干燥的初期阶段，主要为表层脱水，速度较快，在这一阶段将脱去其水分的 20% ~ 50%，同时坯体也要收缩掉其干燥总收缩量的近一半；由于主要是表层脱水收缩，且空心砖整个坯体强度小于实心砖，故此时极易产生裂纹。为此，在这一阶段，砖坯应该有一个较低的风速和较为湿润的环境，使其缓慢脱水，并保持砖坯内、外层的含水量差异不致过大。因此，空心砖湿坯码上坯埝后应立即用盖具全面遮护，特别是在干风烈日情况下更应注意，使其在一个较"温柔的"环境下安全渡过"危险期"。

由于上下各层砖坯的干燥速度及其所受到的压力不一致，其最底层的砖坯，不仅承压最大，而且通风不好、地面湿气重，干得最慢，其与砖埝直接接触的一面裂纹最严重，有时可达底层砖坯总数的一半以上。因此，应在砖坯干燥的初期阶段结束，即砖坯表面开始变色，坯体强度明显增大，一般为 1～2 天时，立即花架翻坯。此时应将各层砖坯上下易位，里外调头，使尽量均匀干燥，减免压裂。实践证明：及时花架的砖坯的干燥速度可以加快 1/3。

进入中期干燥阶段时，由于砖坯内中心部位水分先扩散到表层以后，才能蒸发排除，砖坯的干燥和收缩都明显减慢，至本阶段结束时，坯体的累计收缩量将达到其干燥总收缩量的 90%，此阶段的干燥速度允许比初期阶段稍快。此时，可以放背风（揭开背风面）、夜风和早晚全放风，但对干燥敏感系数较高的泥料，仍宜防止太阳直晒。

进入干燥后期时，因砖坯的干燥收缩已基本结束，产生干燥裂纹的危险性很小，可以增加风吹日晒，如再次花架翻坯，上下易位，里外调头，更可加速脱水。到实心砖坯的残余水分低于6%，空心砖坯低于 3.5% 时入窑更佳。

（6）孔洞迎风码法

尽管在自然干燥中效果极佳，但在人工干燥及焙烧时如果采用这一方法，应慎之又慎。

实践证明，在一些地区空心砖只能孔洞朝天装码，而在另一些地区空心砖坯则必须孔洞水平装码，否则就会大幅降低成品率。在四川省西昌市有一个烧结砖厂，一烘一烧一次码烧，但在生产空心砖时，在干燥室必须孔洞朝天装码，而在焙烧窑则必须孔洞水平装码，否则就出问题。为此，该厂在生产空心砖时，不得不采用二次码烧。据该厂统计，其所提高的成品率足以抵消二次装码产生的费用而有余。

因为影响砖坯干燥质量的因素很多，从原料的技术性能、粉料的颗粒级配、成型时的坯体强度、人工干燥室和焙烧窑炉的热工系统、风速、风量、温度等都在一定程度上直接或间接影响着砖坯的干燥和焙烧质量，需要依靠调整装码形式来适应它们，所以在生产中切不可生搬硬套，而应根据上述基本原则，紧密结合本厂实际，找出一套适应本厂情况的装码形式。记住：张三穿着十分合身的衣服，李四穿上不一定会完全合适。

4.9 正压排潮隧道式人工干燥室常见问题及防治

（1）砖坯不干

如果是整个干燥车的砖坯都不干，可能是进入干燥室的热风的温度不够或风量不足。

如果是坯垛四周的砖坯干了，只是中部砖坯不干，则是砖坯码放形式不对，中部风量太小。

前者应适当提高进入干燥室的热风温度，一般对黏土砖或干燥敏感性较高的原料，热风温度约80℃～100℃，煤矸石、页岩、粉煤灰等原料温度可提高到120℃～140℃，而且制品薄的原料温度应较低。

如果是风量不够则应加大送风量，对于后者在码坯时应注意：砖坯与砖坯之间应留有不小于20mm宽的缝隙以便通风。

（2）坯垛间隙不当

由于坯垛上下左右均与干燥室内壁有较大的间隙（这一间隙应不大于80～100mm），通过的风量多，所以车的中间应留一条大于100～150mm的纵向风道，对于实心砖可以在中部码"二压二"，其余码"三压三"增强中部通风。

（3）砖坯干燥后出现大量网状裂纹

这些裂纹极不规则，互相交叉，像蜘蛛网一样分布在砖坯的表面，此时，如果用湿度计在干燥室的进车口检测气流的相对湿度，可以发现其相对湿度小于85%，其原因是干燥室的预热段升温过急，迅速产生的热气来不及从砖料的孔隙中走出来，只好"挤"破砖坯，破壳而出。

正如在第2章所述粉料应该有一个合理的颗粒级配，细粉太多，不利于形成排除水汽的毛细孔，以及原料的干燥敏感性系数太高，干湿收缩太大均会给排除水汽带来困难。

此外，成型水分太高，也是产生网状裂纹的一个重要因素。这不仅因为成型水分越高，干燥时的排出水量越大，干燥的工作负担越重，所需要的干燥时间也越长，更因为干燥时排除的水分越多，砖坯的干燥收缩也越大，越容易产生干燥裂纹。

　　因此，对塑性指数和干燥敏感性系数太高的原料，应适当掺入煤矸石、粉煤灰、炉渣、硬质页岩，或废砖等瘠性材料，调整其干燥敏感性系数在 1.5 以下，并在砖机电机功率允许的条件下尽可能降低其成型水分。从前面关于干燥敏感性系数的公式中可以看出成型水分越高，粉料的干燥敏感性系数也越大，切不可只顾成型方便而给干燥带来隐患

　　人工干燥室预热阶段升温过急也是造成网状裂纹的主要原因。如前所述在干燥室预热阶段的主要任务是使砖坯内外均匀升温，而不是排潮，因此，在这一阶段，如果升温速度太快，而且空气的相对湿度太低，砖坯内部仍十分湿润，体积并不收缩，怎么会不拉破表皮产生裂纹呢！这就和小火烤馒头，表皮金黄光滑，大火烤馒头表皮焦脆开裂，是一个道理。

　　（4）干燥出来的实心砖坯大量断裂

　　这是在人工干燥室的干燥脱水阶段，送热温度太高、风量太大所致。因为砖坯脱水总是先表层后内部，如果升温过急，砖坯中的水分迅速转化为水蒸气，其内部的水汽都挤着往外跑，而砖坯的毛细孔（排汽通道）有限，只好"挤"破砖坯喷涌而出了。不要忘了，水在变成水蒸气的时候要膨胀 1245 倍。

　　（5）砖坯潮塌

　　此种情况多出现在距人工干燥室进车口里面第 3～8 个车位，车上坯垛"坐"了下来，烂坯水分极高，有时成为烂稀泥，多出现在坯垛中部。这是因为中部排潮较为困难，此时，如果检测进车口气体的相对湿度往往大于95%，而干燥室干燥段排出气体的相对湿度是大于85%。

　　这时作为临时措施，可以打开干燥段的排潮烟囱（排潮口），把过湿气体及早排除，拉空垮塌了的干燥车，另外进车。

还有一个问题可能是进入干燥室的砖坯的水分太多，超过了干燥室的排潮能力，不堪重负。

如果新建干燥室出现这一问题，则可能是送热系统不合理，应调整送热孔，增加预热段的送风量。也可以采用从干燥室的干燥段和预热段的分界线附近，从干燥室的顶部"二次送热"降低进入预热段的气流的相对湿度。

这种二次送热风可以另用一台小点的风机抽取窑炉余热或可用烟热，如现有风机能力足够，也可以从其出风口或干燥室的总热风道上开一个支送热道，分一部分热风用作二次送热，并应有风门控制，不用时可关闭，并防止送风过多砖坯产生网状裂纹。

4.10 由于不同原料、不同砖型的干燥性能不完全一样，其所需要的曲线、脱水曲线也不可能完全一样

干燥敏感性系数和塑性指数较高（如黏土）、制品较薄（如空心砖）时需要较低的温度和较为平缓的升温曲线和脱水曲线；反之，如较硬的煤矸石、页岩、粉煤灰砖，虽进入干燥室的热风温度较高，升温较快也安然无恙。自然环境的温度、大气压力也都会对干燥室的效果产生影响，所以干燥室最好能有一个可以调节的送热口和可以调节排潮孔面积的排潮口，以适应不同的需要。

图 4-4（a）是一种用于干燥页岩的正压排潮的人工干燥室的纵剖面图，其送热口由若干预制混凝土埂组成，位置及大小可以调整，排潮孔的出口也可以用加盖石棉瓦的方法调整。所有送热口的长度均略小于干燥车的轨距，排潮口的长度均和干燥室的宽度一样。

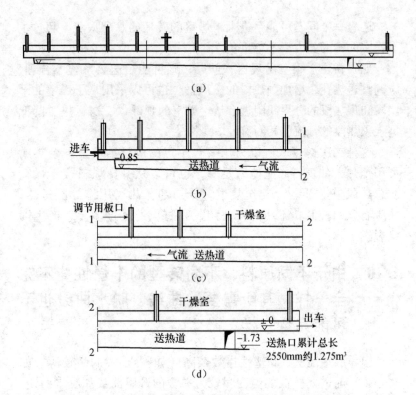

图 4-4　一种正压排潮的隧道式人工干燥室的纵剖面图
（图 4-4（b）、（c）、（d）是（a）的分段图）

干燥室送热、排潮口布置见表 4-4。

表 4-4　干燥室送热、排潮口布置

车位	顶排潮口尺寸 长（mm）×宽（mm）×高（m）	底送热口宽 （cm）	累计送热口 （cm）	累计长 （m）
1	400×800×1.52			1.2
2		2	2	
3		4	6	
4	400×800×1.82			4.8
5～7		6×3 个	24	

车位	顶排潮口尺寸	底送热口宽	累计送热口	累计长
	长（mm）×宽（mm）×高（m）	（cm）	（cm）	（m）
8	400×800×2.8			9.6
9～11		10×3个	54	
12	600×1260×2.8			14.4
13～15		15×3个	99	
16	600×1260×2.05			19.2
17～19		15×3个	144	
20	400×800×1.82			24
21～23		10×3个	174	
24	400×800×1.52			28.8
25～27		8×3个	198	
28	400×800×1.05			33.6
29～38		5×10个	248	
39	400×800×1.52			43.2
40～46		1×7个	255	
47	400×800×1.52			56.4
48～50				60

注：以干燥室进车口的第一个车位为1号车位，可供参考。

本章复习

自然干燥投资少，效率不高容易搞，
靠天吃饭多占地，消耗人力和盖具。
坯垛码架不能高，孔洞迎风脱水好，
初期细心勤护理，砖坯变色花坯巧。
上下砖坯应易位，砖坯内外把头调，
过了中期阶段后，放心大胆吹晒透。
人工干燥效率高，省地省时质量好，

敏感系数大于2，干燥困难不会少。
敏感系数小于1，放心大胆来干燥。
预热排潮是关键，调整不好质量糟。
预热段，为增温，缓慢脱水要平稳，
排潮湿度近饱和，网状裂纹少得多。
干燥段，脱水快，饱和潮气及时排，
高湿水汽不排掉，砖坯吸潮倒下了。
冷却段，为卸坯，不许热风往外吹，
热量充分利用好，砖坯干燥错不了。
干燥砖坯靠热风，温度一定要适中，
80℃最高120℃，一般砖坯可适应。
定时进车需遵守，循环正常质量有，
急进急出乱了套，消化不良瞎乱闹。

第5章　焙　　烧

　　焙烧的目的是把各种松散的矿物混合物转化为质地坚硬、性能稳定的制品。在完成这种转化的过程中，将会出现许多物理和化学反应。最终制品的性能，如强度、孔隙率、耐久性、热膨胀等是由在焙烧过程中形成各种物相的种类和数量所决定的。

　　焙烧是烧结砖生产中的最后一个环节，也是十分重要的一关，产品的产量、质量和全部经济技术指标均将在此集中体现。一旦失误，前功尽弃，应以充分重视。

　　焙烧时，不仅需要充足氧气来助燃，更需要大量的空气来传递热能、调节断面温差，要完成焙烧过程物理化学反应就应保证足够的空气量。烧窑工也正是依靠控制空气的流动来控制焙烧时的温度曲线、焙烧速度等整个过程的。

5.1　气体在窑内的运动

　　在窑内，燃料的燃烧和热量的对流传递都借助于流动的空气。因此，气流的分布也就在极大的程度上决定了各部位的燃烧条件和砖坯的升（降）温条件。

　　气体在窑内除受到烟囱或风机的强大抽力从出窑端或火眼被吸入以后经冷却带、保温带、焙烧带、预热带而进入哈风口的水平方向流动的力以外，还要受到气体由于受热升温体积膨胀后向上的浮力。生产中，窑内各带的温度不同，气体在各处上浮的力量也大不相同。在高温焙烧带，温度在 1000℃ 左右，气体上浮的力量最大，而在冷却带的末端和预热带的始端只有几十度，气流的上浮力也最小，如图 5-1 所示。

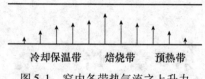

冷却保温带　　　焙烧带　　　预热带

图5-1　窑内各带热气流之上升力

在这两种力量共同作用下的气流，根据力的平行四边形法则产生一个向斜上方的合力如图5-2所示。设气流所受到的水平方向的抽力为F_1，向上的浮力为F_2，则抽力越大其合力R向上的倾角就越小，火行速度也越快，对焙烧也越有利。如图5-2中的水平抽力由F_1增大为F_1'时，合力就由R变为R'，其向上的倾角则由φ减为φ'，焙烧速度就快多了。为此，操作中应努力减小坯垛下部的阻力，给底部气流的增速创造条件。

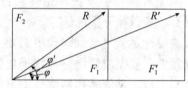

图5-2　窑内气体的受力情况

由于使用的哈风闸主要集中在预热带，抽力对气流的直接影响也最大，这里的气流只好向下倾斜进入哈风口。而冷却带距提起闸的哈风口最远，气流受到的影响也最小，热气流上升的浮力就较为明显。窑内各带气流的综合运动情况如图5-3所示。

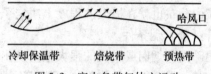

冷却保温带　　　焙烧带　　　预热带

图5-3　窑内各带气体之运动

5.2　码　窑

在窑室里，坯垛一旦码成，气流在窑内的总的通风阻力及阻力分布即坯垛各部位可以通过风量的大小，外投煤的燃烧条件及煤投入后在坯垛各部的分布情况等就已基本确定。

对内燃砖，焙烧所需的大部或全部燃料都已掺入到每一块砖坯里面，码好的坯垛其各部位的燃料分布也已确定，即焙烧时各部位的发热能力也已基本确定。此时，烧窑工的任何努力都只能在一定的范围内作有限的调整以适应窑内现有的焙烧条件，而不可能从根本上改变坯垛已有的现状。因此人们常说"七分装码，三分焙烧"，可见码窑在焙烧中的重要性。

5.2.1 码窑的基本原则

（1）码窑密度

每立方米窑室空间码放的普通砖的块数叫码窑密度。稀码时不足 200 块，一般为 240～260 块。应根据窑的技术性能、内燃掺量、砖的品种等选定适宜的坯垛形式而得出相应的码窑密度。对于空心砖，坯体本身的孔洞就是有效的通风面积，从而可以减小砖坯之间的缝隙，即纵向通道，故在折合成普通砖来计算其码窑密度时都大于 230 块。

（2）坯垛断面上的通风面积

对于轮窑，坯垛断面上可以通过气流的孔道面积之和应大于坯垛总面积的 20%。对于隧道窑，这一数据不仅应大于坯垛总面积的 30%，还应大于坯垛与窑顶及两侧窑墙之间的顶隙及侧隙之和。而以上三者之和，即窑室横断面上的流通总面积，应大于窑室横断面积的 50%。

（3）坯垛装码的基本原则

在焙烧内燃砖时，码窑的基本原则是：下稀上密、中稀边密、内稀外密（对轮窑）、弯道外稀、哈风拉缝、火眼脱空、平稳直正、火路畅通。

①下稀上密

由于热气流轻而上浮，以至窑室断面上部火行快，下部火行慢，造成同一坯垛断面上部温度高、下部温度低。下稀上密的码窑原则加大了坯垛上部的通风阻力，减小了下部的通风阻力，使上下气流尽量均衡，上下火行速度基本一致，从而可缩小断面温差，提高产品质量。即在窑室 2/3 以上高度部分采用一横压三顺；1/3 以下部分采用一横压二顺，其余用二横压五顺。

②中稀边密

内燃烧砖时，主要靠砖坯里的内掺煤燃烧发热。因窑墙散热要耗去两边砖坯的部分热量，而中部的砖坯不仅无此项消耗，还要接受周围砖坯燃烧时传来的热量，造成热量集中，产生过烧。中稀边密的码窑原则使中部砖坯减少，燃料也相应少了，想高温也高不起来，从而减小断面温差。近年遂宁市城南砖厂采取坯垛中部码低内燃砖坯、两边码较高内燃砖坯，尽管坯垛断面稀密一样，也同样解决了坯垛中部过烧的老大难题。

中稀边密的原则适用于轮窑的直窑段和隧道窑的内燃烧砖。

在外燃烧砖时，由于窑室中部的气流只需克服坯垛的阻力，两侧的气流还要加上对窑墙的摩擦阻力，轮窑的外侧还在克服因封窑门时与窑墙没砌平而产生的局部阻力，造成气流中快、里次、外慢的现象。为此，码窑时应采取中密、里次、外稀的形式，以坯垛断面阻力的变化来促进火速均衡，减小断面温差。同时还可以充分利用焙烧条件较好的中部多码砖坯，增加产量，并为边部多加煤创造条件，以弥补窑墙散热所造成的损失。

③内稀外密

轮窑内墙紧靠主烟道，散热比外墙少得多。为此内燃烧砖时应使靠外墙的砖坯比靠内墙的稍密，以弥补外墙散热。

④弯道外稀

轮窑的烧窑工都知道"弯道不好烧"，不仅火不肯走，而且往往是里火超前外火赶不上，这是因为气流在拐弯时阻力增大。试验证明：同样的坯垛在弯道上要比在直道上对风的阻力增大 1/3，而且，外弯的路程比内弯长得多，加上弯道前方直线段上的哈风口对弯道上的气流都有一个向里弯集中的吸力，所以，外火就更跟不上了。

为此，弯道码窑应采取外稀内密的原则，以加大坯垛内侧的阻力，把气流挤向外弯，迫使流经内、外弯气流的速度与其距离相适应，力求内、外弯的火速沿扇面齐头并进。因此，在弯道上码坯时应注意以下几点：

a. 炕腿：按内、中、外部位分别采用3、4、5层炕腿，以加大外弯底部通风能力。

b. 坯距内密外稀：从窑室中线划分，内侧比外侧每层多2～3个砖坯。

c. 坯垛内实外空：前后两条坯垛之间内侧不留间隙，紧靠实码；外侧拉缝脱空，减小阻力。

d. 码斜条时应向外侧倾斜，把风送向外弯。

e. 内侧用三个灯笼挂腿其余立腿。

⑤哈风拉缝

在轮窑的哈风口处从内到外留出20～24cm宽的横缝不码坯，叫哈风拉缝。使气流能通畅地进入哈风口，以充分发挥其抽力。尤其在预热带，可及时排出水气，有利于防止砖坯凝露回潮。而且，气流通过拉缝时因空间突然扩大，使四周气流混合后才进入下一坯垛，有利于减小断面温差，提高产品质量。

⑥火眼脱空

烧窑工要通过火眼观察火情，因此，火眼处的坯垛应留有一眼能看到底的空隙。同时，火眼又是烧窑工向窑内投煤的唯一通道，还应使投入的煤能在坯垛各部均匀分布，其直接落入窑底的煤只能占投入煤总量的10%～15%，以免窑底积炭和出黑头砖。

⑦平稳正直、火路畅通

为使坯垛稳定，防止倒塌和尽量减小其对气流的阻力。码窑时应先刮窑底或车面，使砖坯能放稳摆正，码坯时应头对头、孔对孔、上下齐平，前后对正，确保火路畅通。

⑧两边靠紧

在轮窑中，坯垛是不动的，当码横坯和斜条时，宜靠拢两边窑墙，使坯垛更稳和减小侧隙漏风。

5.2.2 坯垛的装码形式：炕腿、垛身和火眼

（1）炕腿

炕腿是整个坯垛的基础，也叫"腿"或"脚"。常用的码法有：

①灯笼挂腿

如图5-4所示，是把砖坯像井字形似的二压二叠码起来，在第四层用横坯把相邻的两个"灯笼"拉在一起，使坯垛稳固。此形式易装码、较稳定，但横坯多、风阻大，如将炕腿加高到5~6层又容易造成底部通风量过大，以致前火快而不亮底，后火降温而清底快。只好多投煤来引前火，保后火，加大了煤耗。

②立坯炕腿

如图5-5所示，是把最底下的砖坯竖起来立码，上面是一层顺坯，然后是搭桥横坯。其阻力小，底火通畅，立坯之间的横向通道更有利于预热带水汽从哈风口排出，以提高底部砖的质量。立坯在窑底所形成的十字形通道还有利于外投煤向四周散开，空气也能纵横流通，使煤充分燃烧，防止窑底煤结焦和出黑头砖。

图5-4 灯笼挂腿

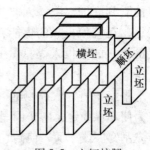

图5-5 立坯炕腿

③双顺坯炕腿

如图5-6所示，最下面的两层砖坯顺直叠码，第三层用横坯。其断面上的气流分布较匀，火度平稳，易掌握，后火清底较慢，

80

并给垛身留有较大的相对高度，使有较多的受煤面积，以减少直接落下窑底的煤，炕腿也较为牢固。缺点是顺坯前后相连，灰分大的外投煤易堵塞炕腿风道，影响底火前进。

③松形炕腿

如图5-7所示，最下层码顺坯，其上为斜坯，此炕腿最矮，仅可用于较高内燃火行较慢的坯垛。

图5-6　双顺坯炕腿　　　　图5-7　松形炕腿

（2）垛身

炕腿以上的坯垛叫垛身。其装码形式对整个坯垛的通风情况、燃料的燃烧条件和传热条件均将产生极大的影响。一顺一横垛身：如图5-8所示，砖坯顺横交替叠码，并在前后两排横坯的中间加一块与它们错开的横坯，以互相拉住，使坯垛牢固。

①二顺一横垛身

如图5-9所示，以二层砖坯顺直叠码，上面码一层横坯，以上又是两层顺码叠坯……在前后两排横坯之间应加一层与它们互相错开的横坯，以互相拉住，使坯垛牢固。

②三压三垛身

如图5-10所示，为三块砖坯交叉叠压，中排横坯应与前后横坯错缝，互相拉住。

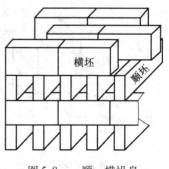

图5-8　一顺一横垛身

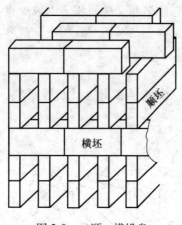

图 5-9　二顺一横垛身　　　　　图 5-10　三压三垛身

③二大洞垛身

如图 5-11 所示，是由顺坯和左右不相连的横坯组成，为适应坯垛断面各部位不同的通风要求，可在"洞"里分别填入一块或几块顺坯，叫二大洞套合子。

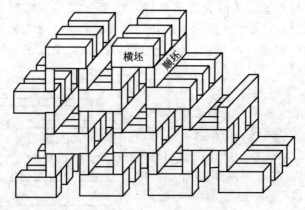

图 5-11　二大洞垛身

以上几种横平竖直的码窑形式，不仅机械码坯可以采用，也是目前手工装码最常用的坯垛形式，在选择码坯形式时应根据顺坯通风条件好，横坯通风阻力大的基本特性灵活掌握、调整，以适应坯垛断面各部位所需要的不同通风条件。

④平装密码

如图5-12所示，砖坯均以大面水平放置，互相搭叠相邻两条坯垛之间留有宽约15cm的"拉缝"，并以若干砖坯作为"拉条"把相邻坯垛拉在一起，使其稳定。平装密码是20世纪60年代末由原国家建材局组织的"四川省煤矸石页岩砖工艺设备研究组"针对四川省广元荣山煤矿矸石砖厂的超高内燃煤矸石砖所创造的一种独特的码窑形式。目的是增加坯垛的通风阻力，以便在密码的条件下实现长预热，以利在低温状态下耗去多余的煤，防止在焙烧带出现超温，并有效地消灭煤矸石砖的条面压花，提高外观质量，其相邻两坯垛间所留的拉缝则可以坯垛的气流在此膨胀、混合、重新分配后进入下一坯垛，有利于减小断面温差。

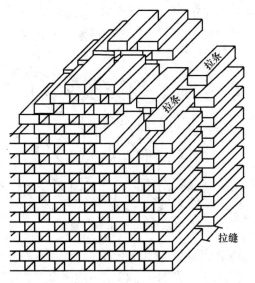

图5-12　平装密码垛身

平装密码在相邻两个坯垛之间均留有一道横向通风道，图5-12中的坯垛只有240mm（一块砖）相邻两个坯垛之间所留的横向通道为180mm宽，以便拉条坯能"挂"住前后的坯垛，增加其稳定性。

现在的大断面隧道窑在平装密码 KP1 型多孔砖时，一个坯垛宽约 1m（四块坯），有了足够的稳定性，其相邻两个坯垛之间的横向通道宽度也是 1m，这样，在密码中坯垛体积还不到窑室有效容积的一半，所以其折标计算的码窑密度仍按近 260 块/m³。

这种码法的另一个优点是：风在进入坯垛时只能从两砖的缝隙中前进，通风面积急剧缩小三分之一，风速增加，气流通过坯垛后进入横向通道，通风面积扩大还原，从砖坯缝隙窜出的气流互相碰撞混合，有利于气流热量交换，从而减小或消除了断面温差，提高焙烧质量。

⑤一顺一斜垛身

如图 5-13 所示，以顺坯和斜坯交替叠码。其中斜坯又常用一左一右交替倾斜，以使断面火力均匀。为加强通风，还分别二直一斜及三直一斜的装码形式，即分别码两层或三层顺坯才码一层斜坯。

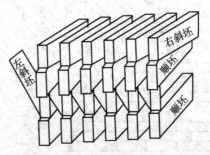

图 5-13　一顺一斜垛身

如在码斜坯时，从窑室中线把斜坯像八字一样分别向左右倾斜，使中部高温气流分向两边，以减小断面温差，被称之为"八一码法"。

以上几种顺坯斜交替码法在码窑密度相同时，三直一斜的通风条件最好，其次为二直一斜，一直一斜最差；但从受煤面积、传热面积和坯垛的稳定性来看，则是一直一斜最好，三直一斜最

84

差，二直一斜居中。

我国在五六十年代烧外燃砖时，这曾是主要码法之一，因其通风阻力大于横平竖直的装码形式，更不便于机械码坯，故用得不多。

⑥堆垛式的装码形式

码坯时沿窑室的纵、横方向以若干拉缝把坯垛割成几个垛堆，并在相邻两垛间的适当位置用拉条坯把它们连起来，使坯垛更稳定。一般纵向只沿窑室中线拉一条通缝，当窑室宽度超过4m时，可在两边坯垛的中部再拉开一条比中缝稍窄并与之平行的通缝，把坯垛切成几条。同时，除哈风拉缝以外，再适当增加几条横缝，把坯垛切成几段，从而形成若干个垛堆。这种装码形式不仅已在隧道窑中广泛应用效果良好，近年用于轮窑也证明其火行速度较快，断面温差减少，火度均匀，制品优良。

⑦火眼脱空

有十字形火眼、灯笼火眼、大洞脱空火眼，松形火眼和搭桥火眼等种形式。

a. 大洞脱空火眼

如图5-14所示，是由顺坯和横坯组成的二顺坯大洞，正对火眼，其阻力较小，通风条件较好。大洞里可适当码几块炉条坯，以便使从火眼投下的细煤被打散后在坯垛上均匀分布。此火眼四面通风，空气充足，有利于燃烧，又可使气流在此混匀前进，减小断面温差。

b. 搭桥火眼

如图5-15，除炕腿的联系横坯外，全是顺坯。故火眼处阻力最小，为加速煤的充分燃烧，在除炉条坯以外的地方留空以形成横向大

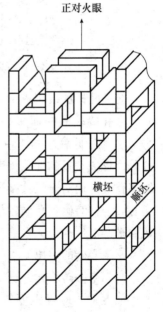

图5-14　大洞脱空火眼

85

道，使气流混合更匀。缺点是码窑质量要求严格，炉条坯的位置应尽量互相错开一点，以使能打散从火眼投下来的细煤，使在坯垛上均匀分布，不在窑底堆积结焦。

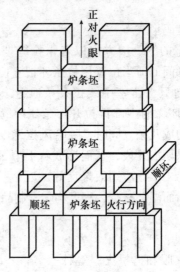

图 5-15　搭桥火眼

⑧多孔砖的装码

多孔砖孔的断面多小于 $10mm^2$，通风能力极弱，可不予考虑。且其孔洞率为 30% 左右，肋壁较厚，可采取顶面迎风，错缝叠码，形成宽畅的通风火道。这种码法特别适用于长宽较为接近的多孔砖。而对于尺寸接近于普通实心砖的多孔砖，可以和普通实心砖一样装码。孔洞较小而且孔洞较多时一般应采用孔洞垂直地面平码。

⑨空心砖的装码

由于空心砖块大，稳定性较好，不必斜码。但因其孔大壁薄坯体强度低，应以强度较高的面来承压。又因其孔大，通风力强，可以部分代替坯垛上预留的部分通风缝隙，码窑时顺坯之间的侧隙很小，并以孔洞迎风。立腿以上过桥之后可顺坯错缝叠

86

码。切忌在坯垛的中下部将大面平码，以防空心砖承压不足而导致底部压坏，甚至坯垛倒塌。还应注意哈风拉缝、火眼脱空等配套措施，以保证坯垛应有的横向火道。由于坯间侧隙减小，所以折算为普通实心砖时的码窑密度可比实心砖多20%左右。

（3）生产中，为满足坯垛装码的基本原则和使断面火行一致，在同一坯垛断面上常配合以两种或多种码窑形式，以求得最佳的焙烧效果，并应同时考虑以下因素：

当烟囱或风机的抽力太大时，在保证坯垛的流通总面积大于窑室横断面积50%和一定火行速度的条件下，可适当加密以增产。反之，则宜适当稀码，以保证火速。如：冬天烟囱抽力较大，可比夏天多码几个头，炕腿也可以矮一点，夏天则反之。

入窑坯的残余水分偏高时应码稀点，并应特别注意哈风拉缝，以利排潮。

出现焙烧火度不匀时，对内燃砖应在欠火处适当加密，对外燃砖则应适当减稀。

火行速度上快下慢时，应适当加密上部坯垛，同时适当减稀中、下部，或改用通风较好的装码形式装码中、下部坯垛。

中火快、边火慢，可在中部适当加密或增加横坯减少顺坯以增加阻力，边部则适当减稀以加大通风，提高火速。

内燃掺量高时，应适当码稀，以免燃料集中出现高温，反之，则适当加密。但对超高内燃的煤矸石砖，又宜采用平装密码。

外燃烧砖时，对火焰长、燃烧快、发热量高的外投煤，可适当稀码。反之，应加密。

对灰分大的外投煤，不宜用二顺坯炕腿，宜用立坯炕腿，以免堵塞底部火道。

几种隧道窑的码窑的坯垛形式如图5-16，图5-17，图5-18所示。

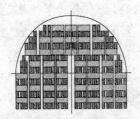 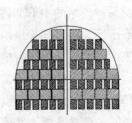

（a）普通实心砖坯在小断面隧道窑中的码法　（b）一种空心砖坯在小断面隧道窑中的码法

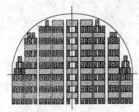

（c）普通实心砖坯在小断面隧道窑中的码法

图 5-16

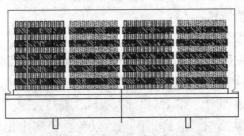

（a）窑车长4600mm，窑车宽4350mm

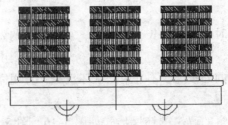

（b）码车高：$11 \times 124 \times 1354$mm

图 5-17　4m 六断面码车图

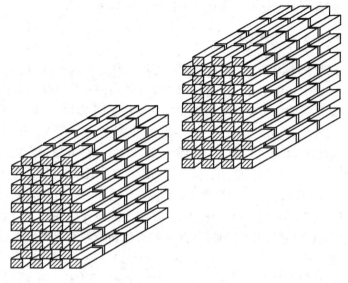

图 5-18　大断面隧道窑 KP1 型多孔砖之平装密码

5.2.3　码窑时的注意事项

（1）装窑速度应与焙烧速度相适应，以确保正常循环，优质高产。

（2）砖坯应轻拿轻放，防止损伤。

（3）用一根长度比窑室（窑车面）宽度稍短的等边角钢，内镶方木条，在木条上刻出炕腿砖坯应有的位置，作为标尺。码窑时先用角铁刮平窑底，对正位置码坯，以保证码窑质量。

（4）码坯时应前后对正、左右看齐、上下垂直，以保证坯垛火道畅通，火眼对正。

5.3　焙　烧

砖的焙烧是分阶段进行的，常分为预热、焙烧、保温、冷却四个阶段，称为"四带"。各带的工作温度不同，砖坯内的泥料也随着温度的变化而产生相应的物理、化学反应。

5.3.1 预热带

砖坯从常温升到120℃的阶段是低温预热阶段，此时主要排除坯体中的残余水分——自然水。因坯体内的水分汽化后只能从其细微的孔隙中排出，如升温太急，水汽迅速增多，"挤"不出来，只好胀破坯体。因此，本阶段的升温速度限为25～35℃/h。

在坯体温度从120℃升到450℃的阶段，坯体开始排出化学结合水。此时，坯体不收缩，且其机械强度逐渐增加，升温速度可为50～80℃/h。当温度达到400℃时，坯体内的有机物开始氧化燃烧，内掺燃料也开始出现无火焰燃烧，坯体开始变红发亮自行升温，有经验的烧窑工常能从此时的火色初步判断出内燃料掺量的多少。

在预热带后期，坯体温度从450℃升高到700℃，叫高温预热盼段。其中在550℃～600℃的阶段泥料中的大量二氧化硅发生晶型转化，体积剧烈膨胀，此时切不可升温太快，以免出现裂纹，所以强调长预热，就是这个道理。

一般预热带长25～30m，可以用提起风闸的数目来控制，当哈风口的间距为5排火眼时，提起一个远闸可使预热带延长到5排左右。但预热带太长时其前端温度太低，相对湿度增加，易使砖坯凝露。这是因为到达预热带前端的烟气容易形成低温高湿，一旦接触到温度更低的湿坯，烟气温度继续下降，相对湿度相应上升。当相对湿度已经饱和，只要温度稍有下降时，其中的部分水汽就会在砖坯表面凝成水珠，产生凝露。

残余水分低于大气平衡水的坯体，要从大气中吸收水分，产生回潮。这和日常生活中把饼干裸放在空气中产生回潮是一个道理。

当入窑砖坯干湿不匀，而窑内水汽又未能及时排出，以致烟气湿度增大，很可能使刚开始进入预热带的较干砖坯回潮。同理，已经很干的砖坯在进入预热带时如遇上相对湿度接近饱和的

90

烟气也可能产生回潮，应予注意。

由于热气体质轻上浮，所以窑内气流也常是上快下慢，坯垛升温也如此，易造成顶部砖坯预热过急，底部砖坯先是预热不良，后又急剧升温，以致产生裂纹。

万一坯垛上下温差太大，达到100℃以上时，同时预热带的烟气的相对湿度又接近饱和，湿气集中从哈风口排出时，将会造成其附近坯垛底部砖坯严重吸潮松解、软化散架，最后坍塌，这种现象称为潮塌。

凝露与回潮均将使砖坯表层吸水膨胀，干燥时再次收缩。这种循环变化破坏了砖体结构，产生裂纹，严重时出现哑音砖。

防止这一问题的措施有：码窑时采用立坯炕腿，注意哈风拉缝，坚持上稀下密，以利水汽排出；低用首闸、高提排潮闸，以及采用桥形闸以提前排潮加大抽力；更应严格干坯入窑，即保证入窑砖坯的残余水分低于7%、控制预热带始端温度高于60℃、排出烟气的相对湿度低于95%。

检查窑室有无凝露，可用长度能从火眼插到窑底、直径12mm左右表面光洁的钢条从火眼一插到底，3~5分钟取出，如其上凝有水珠或湿润，说明该处有凝露；水印的部位即是坯垛湿气严重的位置。在轮窑，只有当预热带中段完全没有凝露现象时才能烧纸挡；对隧道窑此时才允许进车。

雨季，不得不用较湿砖坯入窑时，应以成品砖码炕腿，以免底部坯吸潮、软化散架、潮塌。

应当指出，砖瓦在焙烧过程中产生的裂纹，多为预热操作不当造成，应充分注意。

5.3.2 焙烧带

通常把从开始加煤的一排火眼起到停止加煤的一段叫焙烧带。应该是只有坯垛上下温度都已达到燃点以上，细煤投入在坯垛各部都能燃烧起来的那一排火眼才算数。否则，不得纳入焙烧带。

焙烧带的温度范围是从700℃起直到其应有的烧成温度（900~1150℃）。当窑室断面、码窑密度和单块砖体积都较大时，应选用较慢的升温速度，常为40~70℃/h，以确保坯体均匀升温和内部的充分反应。其中，在坯体温度已达900℃并继续升温时，更应减缓为20~30℃/h，以免因升温过急，坯体表层迅速熔融烧结堵住气孔，内部气体排不出来，造成表面鼓泡。

在焙烧带，当砖坯温度已达到其烧成温度范围的下限时，泥料颗粒进入半熔融状态，互相交错咬住，同时泥料中的易熔颗粒熔化流入到未熔融的颗粒之间，使互相粘结成一个整体，成为制品。此时如仍继续升温，一旦超过其烧成温度范围的上限，泥料颗粒过度软化，甚至成为半流体状态，将造成严重过烧甚至坯垛坍塌的"倒窑"事故。空心砖孔大壁薄强度低，危险更大，其所允许的烧成温度范围更窄，仅50℃左右。焙烧时只能把温度控制在其烧成温度范围的中间偏下，较为稳妥。

焙烧带的长度以能保证制品烧熟烧透为原则，外燃烧砖常需10~12排，内燃烧砖只需6~9排，高内燃砖有时只需5排就行。应从坯垛底部已能达到煤的燃点的一排算起到坯垛开始清底的那一排止算是焙烧带。生产中，火行速度慢时，可以少几排，反之，则应多用几排。焙烧带太短，砖坯烧不透，要出欠火砖，并会造成后火差、清底快；当焙烧带太长而风机或烟囱的抽力又不足时，将造成反火大、面火强、底火弱，进排困难。对于空心砖，由于壁薄，承受高温荷载的能力弱，一旦长时间处于高温状态，更易软化坍塌，务必小心。

在焙烧带，内燃砖主要靠坯体内燃料燃烧发热，坯体温度常高于周围气流的温度，故烧成快、耗煤低。而外燃砖完全靠外投煤燃烧加热空气后再传给坯体，所以坯体温度总是低于周围气流的温度，因此烧成慢、耗煤多，需要的焙烧带也长。

如焙烧带太短，可加高风闸，尤其是远闸，以加强通风，并注意强化底风。对于轮窑，还可以在预热带前的窑门处装辅助的临时风机，抽排低温烟气以增加火速，特别是底火速度。或往预热带最后的两排火眼中投入碎柴木屑,引火前进。还可以迟打窑门,延长冷却带、保温带、并重烧后火,使进入焙烧带的空气有较高的温度,促进焙烧。

如果焙烧带太长,并出现高温,应适当降低风闸,尤其是远闸,减小窑内通风,以及部分遮挡出窑端砖垛,减小进风面积,控风限氧、抑制燃烧。同时,应在预热带后部揭火眼灌风,以保证干燥预热所需的风量。

对于轮窑,还可提前打门,缩短冷却保温带,降低进入焙烧带的空气的温度。万一焙烧带严重超温可能倒窑时,可在保温带尾端"提倒闸",把保温带和焙烧带部分热量往回拉,从哈风排出,减轻前进火势。

焙烧操作主要包括以下几项:

(1)看火

看火是烧窑工的基本功,应通过实践,积累经验,总结提高。看火时应注意快、准、灵活和内外有别。窑内看火温度参考数据见表5-1。

表5-1 窑内看火温度参考表

坯 体 颜 色	大概温度(℃)
暗红色(最低可见红色)	470
暗红色到紫红色	470~600
紫红色到大红色	600~700
大红色到樱桃红色	700~800
樱桃红色到黄红色	800~900
黄红色到橙黄色	900~1000
橙黄色到浅黄色	1000~1100
浅黄色到亮黄色	1100以上

快:揭开火眼盖的3/5,顺风站立,迅速看清盖好。否则,时间稍长在负压段冷风侵入降温,在正压段热气冲脸,都看不准。

准：为准确掌握火色，可以常用目测和温度计对照，更应经常以自己焙烧时所认定的火色和烧出成品的质量对比，以分析判断自己掌握火色的程度，不断提高。

灵活：目测火色易受环境影响。如：同样的温度白天看起来要暗一点，晚上看起来要亮得多；晴天看起来要暗一点，雨天看起来要亮得多；以及睡眠不足时常把小火看大，风机抽力太大时易把大火看小；和出现反火时常把小火看大等，判断时应综合考虑。

内外有别：如前所述，内燃烧砖时焙烧带的气流温度低于坯体的表面温度，而表面温度又低于其内部温度，所以看火的温度应略低于外燃砖，还应同时查看预热带的升温情况和保温带的降温速度，以便根据总的趋势采取措施，保持平稳焙烧。

（2）焙烧操作

总的原则是，引前火、加边火、看中火、保后火、看火加煤，勤添少加，低温长烧、合理用闸，出现高温、限氧压火，提倡远闸低风，切忌近闸高吊。

引前火：经预热带开始进入焙烧带的坯垛，如不能完全自燃，应投煤引火。

加边火：两边窑墙要吸收和散失热量，使温度下降，应在坯垛两侧投煤补充。

看中火：坯垛中部热量集中，温度最高，应密切注意，严防过烧。

保后火：为使砖坯真正烧透，应有足够的保温时间，当发现焙烧带后温度不足时，就及时加煤补火，不让迅速清底。

看火加煤，勤添少加：窑炉里的气流是连续的，投煤是间断的，投入煤的瞬间，煤与空气充分混合燃烧增温，煤烧完后气流未减造成空气过剩，气流温度下降。投煤的间隔时间越长，气温下降越多。一次投煤太多还会造成窑底堆积结焦出黑头砖和浪费煤。故外投煤应粉碎到粒度小于 5mm，每次投入 0.2kg 左右，勤添少加。

94

低温长烧：20世纪60年代初，四川省内江市建材厂的宋建约工程师总结多年烧内燃砖的经验，提出了内燃砖"低温长烧"的操作方法。主要是缓慢升温，延长预热带和焙烧带，使内燃料在较长时段充分发挥作用，把坯体烧熟烧透，以降低煤耗、提高产量和质量。

（3）合理用闸

风闸，常叫哈风闸，是窑炉的风门，用以控制窑内的风量、风压和窑内各部位风力的大小以及排出烟气、控制窑内气流运动的方向，并充分利用废气余热来干燥和预热砖坯，调节断面温差。根据火情正确使用风闸是烧窑工的主要工作手段，也是提高产量、保证质量、降低煤耗的关键。

通常有两种用闸形式：

其一是近低远高的顺阶梯闸：以距离焙烧带最近的一个闸叫首闸或近闸，提得最矮，以后各闸依次升高，末闸（远闸）最高。其优点是可防止首闸放走太多的高温烟气，充分利用烟热，使预热带升温平稳，焙烧带抽力平衡，火速快而均匀。尤其可加快底火，增加产量。其缺点是废烟气的流程较长，不断降温增湿，当到达预热带前端时温度更低，相对湿度更大。这是因为空气的饱和湿度随温度的下降而迅速减小，一旦气流达到湿饱和状态还会使刚进入预热带的温度较低的砖坯，特别是下面几层砖坯产生凝露、吸潮、软化、散架、坍塌。为此，应经常查明预热带前端气流的温度和湿度，以及对入窑时残余水分过高的砖坯应慎用此闸。

其二是中闸的闸提得最高而前后各闸都依次降低的桥形闸。由于高提中闸，可以把大量蒸发水汽的预热带中段的高潮烟气就近提前排出，只让窑室上部较干燥的烟气继续前进，以减轻预热带前端砖坯产生凝露吸潮的危险。其升温平缓，有利于提高质量。在使用烟囱抽风时，由于烟气温度较高，有利于增加烟囱抽力。但其预热效果不如梯形闸，火行速度也较慢。如把近、中闸提得太高，远闸又偏矮，还将造成中下部砖坯预热不够，急剧升温后，可能产生裂纹或爆坏，应予特别注意。

不论哪一种用闸形式，其最高的一个闸应该是全闸，所谓全闸，即提闸高度应等于锥形闸体的高度。其余各闸均较低，两种用闸形式的各闸相对高度如下表5-2所示。

表5-2　各闸形高度　　　　　　　　　　（cm）

用闸形式 ＼ 闸号（提闸的相对高度）	首闸	二闸	三闸	四闸	远闸
桥 形 闸	20~25	80	100	100	60
顺阶梯闸	20~25	50	80	90	100

调整风闸时应注意：必须先提后落，稳提稳落，循序渐进，切忌陡升陡降，以免气流急剧波动。首闸应在距焙烧带前火5~7排时完全关闭，即"隔门落闸"，正常焙烧用闸5~6个。

正确的用闸表现为：焙烧排数恒定，整个坯垛断面火度均匀，火色基本一致，火行平稳。

如出现上部火快、底部火慢，应加高远闸，以加速底火前进，即所谓"远闸低风"。

如出现上部火弱，后火又迅速清底，说明首闸太高，把焙烧带的火抽跑了，并使焙烧带两侧火速快慢不一和哈风口前面的坯垛预热困难，火速减慢，甚至预热带无热可用，无法预热，应适当调整首闸和第二闸，严禁近闸高吊。

在隧道窑，当两侧火行速度不一致时，应加高慢边远闸，促其赶上。

轮窑弯道的用闸方法：在轮窑的弯道上，气流沿外墙所走的路程要比沿内墙所走的路程多 πB（B 是窑室宽度），抽力也是内强外弱，除在码窑时应按内密外稀的原则调整坯垛的阻力外，焙烧用闸也应努力使断面火势沿扇面均匀前进，并使断面温度保持一致。

在弯道上，只有首闸专抽外火，其余各闸抽力多指向内弯。

所以在弯道上应适当近用首闸，强抽外火，以提高外弯火速。办法是：焙烧上弯以前，按正常用闸，当焙烧带前火走到图 5-19 中的线 2，即距 1 号闸 3～4 排时才将 1 号闸关死，此时 2 号闸最高，并随火的前进逐渐加高 3 号闸，同步下降 2 号闸，还应在其前方多提 1～2 个闸。当前火已过 45℃ 弯到达线 3 时，关死 2 号闸，然后逐渐降低 3 号，前火绕过弯道顶端即越过线 4 后，关闭 3 号闸，并恢复正常用闸。

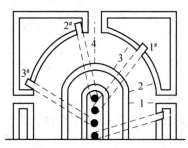

图 5-19　弯直用闸

1—直窑和弯窑的交线；2—关 1 号闸的火位；
3—关 2 号闸的火位；4—关 3 号闸的火位

在弯道上的气流要转弯，阻力增大，故用闸高度应大于直窑段。加煤时，上弯前应重烧外火，下弯时重烧内火，均应同时补烧内火的后火，以保持扇面进排和不出欠火砖。把其称为"攻外保内"。

（4）保温带

从停止加煤的一排火眼起约 10～15 排是保温带，作用是使焙烧时的物理化学反应趋于完全，以彻底烧熟烧透而减少砖体中的孔隙，使其具有良好的声音、颜色及足够的强度。切忌快速降温，以免因急冷收缩不匀而在砖面上生成发状裂纹或爆裂。特别是当温度从 600℃ 降到 550℃ 的阶段，游离的二氧化硅又要产生晶型转化，颗粒体积收缩，更易产生裂纹。空心砖的块大、壁薄、体弱，更要谨慎。

保温带还同时负有控制进入焙烧带的空气数量、温度及进入预热带的烟气的温度的任务。保温带太长，坯垛阻力大，风量减少，焙烧带供氧不足；反之，过剩空气太多，又可能使焙烧带温度下降。恰如其分的保温带长度可使冷风通过时吸收砖体热量，在到达焙烧带时已有足够高的温度和适宜的风量，焙烧就正常。保温带应有的长度还和制品的形状、原料对降温速度的敏感程度及当时的气候有关；如烧平瓦及薄壁的空心砖时适当放长；原料为砂质黏土时可以稍短；窑炉的抽力好时可适当延长；对于轮窑，顺风前进的火头可以稍长，逆风前进的火头则宜稍短。通常以焙烧带尾部砖垛的底层不出现暗红或黑色的火情，成品没有因急冷而造成的发状裂纹或哑音砖等缺陷为适宜。

(5) 冷却带

从保温带终结到出窑的一段叫冷却带，目的是为便于出窑操作，约15排。在轮窑，以控制打门的办法控制冷却带的长度，在保证制品质量的前提下，冷却带越短，进风的阻力越小，也越有利于焙烧。

为避免大量冷风突然灌入窑室和保持气流温度的相对稳定，窑门不许一次打完，应先打完外墙，同时在内墙打一个占其总面积约1/6的洞，当焙烧带尾部底火过大时，洞打在窑门下部而焙烧带尾部清底太快时，洞打在窑门上部。一小时后，打掉内墙的一半，再过一小时，全部打完，同时打掉下一个窑门的外墙。对降温敏感性强的原料，更不可快速打门。

(6) 对于空心砖，更忌快速进火、高温猛烧、灌风急冷，而应以低温长烧、恒温烧结、保温控火为佳。操作中应注意保持火度、平稳升降温和远提闸、近打门、勤看火、勤检查、勤加煤、小铲加煤和揭火眼盖快、看火快、投煤快及判断火度准、投煤间隔时间准，即远提近打、三勤一小、三快二准等具体措施。

(7) 轮窑的纸挡和封窑门

纸挡：轮窑的纸挡用于隔断和封闭各个窑室以防止冷风窜入，保证焙烧正常进行。所以，纸挡必须封严、不得漏气，并应每码好一个窑室就封一个纸挡。纸挡常用废报纸按窑室断面糊成上下两个整幅，依靠气流的吸力把它"贴"在码好了的坯垛的断面上，四周塞严。底部用窑灰压住纸边。当采用拉纸挡的办法去除纸挡时，应从纸挡正对火眼穿进两根细铁丝，夹住纸挡的下半幅，纸挡前后的两个坯垛间应留4cm左右的缝隙，以便拉动纸挡。在码下一个坯垛时还应该用探头砖顶住两幅纸挡的接头，使纸挡贴牢固。

当采用从底部用火烧纸挡时，不用细铁丝，但纸挡应封在正对窑门的坯垛上。封窑门时，在其底部正对纸挡处留个一块砖大的洞不封死，只临时用砖堵住。拉纸挡时，从火眼往上拉铁丝，把下幅纸挡全部拉起，上幅随后会自行烧去。烧纸挡时，从窑门底部的预留孔点火，烧去纸挡，并立即封死窑门。

这样，留下来或未烧完的下半幅纸挡，将强迫气流向下运动，强化了下部砖坯的干燥和预热，有利于缩小窑室上下温差，提高质量。

常采用的从火眼往下烧纸挡的办法，并不可取。因预热带前端湿度较大，底部坯体湿，纸挡受潮，从上往下烧常只能烧去上段纸挡，下半部气流受阻，使底部砖坯的干燥预热更困难，影响焙烧，降低底部制品质量。

近年，有用玻纤布代废报纸，是按窑室断面作成左右两个半幅，用铁条从中间固定卷成圆筒。用时从火眼放下去，展开后贴在坯垛上，去除时仍从火眼卷成圆筒提上来，反复使用。

封窑门：窑门应封两层，内层与窑墙齐平，以减小通风阻力，砌好后全面抹泥封严，应先抹一层，稍干后又抹第二层。然后退出来约24cm砌外层窑门，并同样抹两次泥。生产中，应经常检查，发现抹的泥层开裂，应立即刷稀泥浆，不使漏气。如用耐火泥加细炉渣调制泥浆，则不易开裂，效果更好。

（8）烘窑和点火

烘窑的目的是逐步排除窑体内的砌筑水，防止生产时窑内温度猛升，水分迅速汽化，排除不畅，体积剧烈膨胀"挤"破窑墙，造成墙体裂缝或炸裂。

为此，烘窑时应力争在同一时间内产出的蒸汽数量和排除的数量基本持平，可保平安。因此，提高烘窑效率的关键在于保证排潮通畅的同时匀速升温。

建窑时要求灰缝饱满，回填密实，力争"密不透风"，使水汽无路可走。为加速烘窑应采取给出路的政策，在烘窑期间给水汽的排出开辟若干宽畅的通道。包括：砌外墙时，在约半墙高度，水平间距约5m，抽一块丁砖不砌，留出一个120mm×60mm的侧排潮孔，烘窑完成后才用砖塞入砌好。

回填时，先用一根直径120~140mm的圆木棒插入到底，再回填夯实，回填完后拔出木棒，成为排潮天窗，在烘窑完成或正常生产几天后才回填之。"天窗"应在回填土最深处，每门2~3个。

烘窑炉灶：对于轮窑，可采取隔门打灶，如在单号窑门打灶，则双号窑门封死。对于隧道窑，可以在两头窑车上同时打灶。

烘窑点火前应盖好全部火眼，开动风机或打开烟囱，低提哈风闸，各灶点火，缓慢升温，同时缓慢增高各哈风闸。

烘窑5~10天后，每天早晨停风约一小时，揭开火眼盖，可见结露水。随着烘窑继续进行，逐日检查，露水逐渐减少，约20天后，已没有了露水，可认为烘窑已经完成。

点火：点火常被认为是砖厂生产的一件大事，为确保点火顺利，应先对窑炉作全面检查，应烟道通畅、风闸灵活可靠。窑室完好、火眼盖严，并有充足的干坯及燃料。其中，干坯的残余水分应低于6%~8%。

采用烟囱抽风的窑炉还应先烧通烟囱，因为没有使用的烟囱，其内部的气体基本上处于静止状态，形成气柱。使开始点火时的微弱气流冲不出去。为此，点火前应在烟囱底部或距烟囱最近的一个哈风口用柴点火升烟，使烟囱内的气体受热浮动上升，到烟囱顶部冒烟，说明已经打通了。

轮窑至少应先码好4~5个窑室，对于新建的窑炉，窑底常较湿，为避免炕腿砖坯吸水软化坍塌，头一圈可以用红砖下脚，并稀码炕腿，加强底部通风。大灶应在直道上的第二或第三个窑室，使其在点燃后有较长的直窑室以利焙烧，还应注意选用与自然风向一致的火行方向，以利进排。

目前，多用红砖以泥浆砌筑大灶，灶墙与窑室同宽等高，阻断整个窑室，在沿窑室轴线方向的火床长 1700mm 左右，火床从灶台倾斜至窑室地平，如图 5-20 所示。灶底为 115mm 宽的通风洞，间距约 115mm，从灶墙正面看，通风洞为 3 层，每层 5 块砖高（约 290~300mm 高），最上一层有时只有 4 层砖高，每层用一砖隔开。为防止大量漏煤。在火床上又用横砖把每层通风洞隔为两层，灶台以上为厚 240mm 的灶墙，上沿窑室宽均布 300mm×400mm 的投煤孔三个，平常用铁皮挡住，投煤时打开。距地面 1500~1700mm 左右留两个 115mm×53mm 的观察孔；以查看火情，平时用砖堵住，窑顶以下 300mm 处还应留 3~5 个尺寸为 115mm×110mm 的压火孔，平时用砖堵住，出现高温时打开灌入冷风降温。大灶与窑室四周应塞实抹泥密不透风。

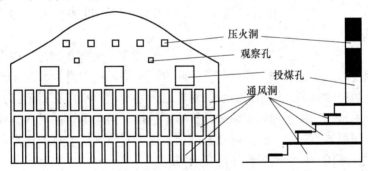

图 5-20 砖砌大灶

为使点火迅速，窑头砖坯（也称拦火墙）与火床的净距离宜为 750~1200mm，距离过远引火困难，反之又可能把拦火墙烧倒。灶前第一垛砖坯宜采用立坯炕腿或灯笼挂炕腿，只码 12 层高，以后逐墙增高，至平窑顶后，再正常码窑。在窑头坯垛上便于从大灶观察的地方按上中下码几块稍湿的砖坯，以便烧窑工观察其干燥变色情况，常称警示坯。

点火前，火床上先铺一层草，其上铺一层木柴，面上铺一层块煤，约200kg，并提起大灶前面的第三个闸为首闸，按顺阶梯闸往后再提3~4个闸，开始时首闸应比正常略高。

点火时，从通风洞送入火种，点燃后立即遮挡下部通风洞，抑制火势，使火床上的燃料缓慢燃烧升温，"烘烤"约1小时后，窑内无异常声响，警示坯没有炸裂再逐步打开通风洞使火焰加大，逐步升温，如升温正常，警示坯不炸，2小时后可全部打开风洞，开始大火猛烧。加煤时可先将煤投入预热后的火床，并注意保持两侧有足够的燃烧煤层。加煤应动作快，以免冷风从投煤孔窜入降温，并及时清理下通风洞里的炉渣，保证通风。约12小时，烧到4~5排底火时，可以上窑投煤燃烧引火，这时大灶转入焙烧的保温状态，此时进风闸也应逐步转入正常。当有12排底火时可停止大灶加煤，并用纸挡逐步封闭所有通风孔，以逐步减少进风量。到有17~20排底火后，大灶已成冷却带，点火结束。对点第二部火的轮窑，大灶不必拆除，准备点第二部火使用。

（9）蹲火：当故障停风或暂时停止进车、无坯可烧时，须大幅度降低火速，采取蹲火焙烧。此时，应降低用闸高度，关闭部分风闸和局部封挡出窑砖垛。对轮窑，还应停打窑门，封闭已打开的窑门，停止加煤引前火，虽然不进排，但应重烧中后火，强化保温。万一前火已逼近前方纸挡，应揭开该纸挡前排的火眼盖放入冷风，以免高温气流烧穿纸挡。

蹲火结束，应分阶段提闸，逐渐恢复正常焙烧，以免因急风降温，甚至熄火。

5.3.3 焙烧时经常出现的问题和防治

焙烧时出现问题的原因往往是多方面的，并常会迅速扩大。为此，对焙烧时出现的任何情况一定要及时发现，确实弄清，找

102

准原因，正确解决。

（1）潮塌

预热带的坯垛因凝露、吸潮、软化而坍塌，主要原因是入窑砖坯太湿，用闸不当，水汽未能及时排出和坯垛装码欠妥。

对隧道窑，应拉出已塌的窑车，另外进车。对轮窑应尽可能打开已经潮塌了的窑室的窑门，清除废坯，重新装码封门。如已无法清除另码，就应采用桥形闸，加速预热带中段排潮，同时加大外投煤，对已经潮塌的火眼也要投煤，以迅速把火拉过事故段，引燃前端底火以后，才能继续正常焙烧。

预防的办法是：入窑砖坯的残余水分应低于8%，无干坯时，也应以红砖码炕腿，特别注意按本章（预热带、合理用闸）所述办法正确使用风闸。

（2）焙烧倒窑

焙烧温度超过了烧结温度范围的上限，坯体软化坯垛坍塌而发生倒窑。此时的唯一办法是把火拉过倒窑区，引燃前端坯垛，才能逐渐恢复正常焙烧。办法是：对接近倒窑区的坯垛在不烧倒的条件下宁可出点过火砖，也应尽量烧足火度，以延长焙烧保持高温，促使倒窑区迅速预热、升温燃烧。同时，为避免倒窑区迅速降温，应全面降低用闸，关死倒窑区风闸。轮窑还应停止出窑和打门，隧道窑应在窑尾适当遮挡砖垛断面，减少进风，对紧邻倒窑区的坯垛如果温度太低。投入的细烟煤燃不起来，还可以投入木柴或拌有废油的细烟煤强行攻烧，至前方坯垛已有2～3排底火，才可以逐渐转入正常焙烧。

预防的唯一措施是严防焙烧带出现高温。

（3）焙烧带出现高温

当焙烧带砖坯的温度接近或达到其烧结温度范围的上限时应引起足够重视。此时，坯体软化摇摇欲坠、倾斜，直至倒塌。其主要原因是烧窑工看火不准，焙烧带太长，内燃太高又处理欠妥，以及用闸不当，尤其是远闸太高，抽力太大，底火严重超温，及码窑欠佳而烧窑工又未能及时发现、正确处理。对采用风机的窑炉，因故停风，反火陡增，也会引起焙烧带出现高温。

为此，烧窑工一定要勤检查，一旦发现焙烧带火度偏大，应立即采取以下措施。

①停止加煤，密切注意火情变化。

②高提近闸，近打窑门，在放走高温气流的同时加大通风、增加过剩空气以降温。此法对内燃量不高的坯垛特别有效。

③揭火眼盖，在正压时，可以放走热气，在负压时可以灌入冷风，均可降温。

④当焙烧带太长并出现高温时，可适当降低风闸，特别是降低远闸，控风降温。对于轮窑，还可以提前打门，缩短保温冷却带，以降低进入焙烧带的空气的温度。

⑤部分遮挡出窑端的坯垛，控风限氧，抑制燃烧，并同时在焙烧带和预热带交接处揭开火眼盖灌入冷风，以保证干燥所需的风量。

⑥提倒闸放火：在轮窑，当个别门段出现严重高温而压火无效时，可提起该门的闸放热，这样，尽管该门砖坯必将严重过烧而报废，但可保其余各门不受牵连，为舍车保帅之计。

⑦往高温段的火眼里倒沙土压火。

⑧当火势集中出现局部高温时，可以用风量约 $4000m^3/h$ 的小风机从火眼对着大火吹冷风以降温压火，防止烧垮倒窑。同时，还可以搅动窑内气流，减小上下温差，提高砖的质量。还因增加了焙烧带的风量加快火速，增加产量。

有的厂，在窑内出现高温时，从火眼往里灌水，实不可取。因其不仅使砖体淬水急冷产生裂纹、哑音及炸裂，窑室内壁也同样受损短命，且大量水汽进入预热带还将造成砖坯凝露、回潮、软化甚至潮塌。

（4）焙烧带低温

焙烧带坯体呈红色或暗红色，温度明显不足，要出生砖。应立即降低用闸，封闭已打开的窑门，减少过剩空气，同时勤添好的烟煤催火或加柴引火，培养火情。

产生这一情况的原因和防治办法有：

①煤的热值太低，火力不足。其实劣质煤更适用于内燃，因其可代替一定泥料。对此，应勤添煤以催火，也可同时采用阻力较大的坯垛，限制过剩空气。

②烧窑工看火不准，尤其在阴雨天和晚上易把小火看大，把实际温度烧低。

③外燃烧砖时，坯垛阻力太小，打窑门太近、风闸提得太高以致过剩空气太多。应封闭近的窑门、降低风闸，严重时，还应暂停出窑和部分遮挡出窑砖垛。经常注意不可近打窑门。

（5）上部面火超前，底火差

上部面火超前于底火几排或十几排。应提高远闸强拉底风，还可适当降低其余各闸并重烧底火增温。

造成这一情况的原因和防治办法有：

①窑底潮湿，坯垛底部升温困难，应注意窑底防潮和窑体周围排水。

②码窑形式欠佳，没做到下稀上密，坯垛顶部阻力小，底部阻力大，底火走不动，应改进。

③烧内燃砖时炕腿太高、太稀，同时首闸太高太近，轮窑打门太近，以致底部风量太大。烧外燃砖时炕腿太密、太矮，外投煤的灰分又太高，堵塞了炕腿通道，底部通风困难，均应调整。

④窑内通风不足，此时必然反火严重。可能是风闸太低，坯垛太密阻力太大，或烟道堵塞，应查明后进行调整或清理。

⑤火眼没码好，煤不下底，应注意火眼脱空及火眼搭桥，以保证投下的煤均匀散开下底。

（6）底火超前，上部面火不走

对轮窑应立即近打窑门强灌冷风使底火降温。万一底火温度已接近烧结温度范围的上限有倒窑危险时，可在焙烧带附近的窑门下部打洞，灌冷风降温。一旦情况好转，应立即堵死。

造成这一情况的主要原因和防治办法有：

①窑内风力过大，特别是炕腿部抽力太大，或面火灌入冷风

太多，烧不起来，应降低远闸，减少底部抽力，封闭火眼，防止冷风灌入。

②外投煤太多，直落窑底，坯垛上的煤太少，烧不起来，应降低远闸适当调节近闸，减小底部抽力，封闭火眼，不让灌入冷风，选择适当的燃烧空气量及热空气流动速度提高面火温度。

③为防止火眼投煤直落窑底，应注意火眼搭桥，使投下的煤被打散后均匀撒向坯垛各部和严禁大铲加煤。

④码窑形式欠佳，断面风量分配不匀。详见本章5.2节"码窑"。

（7）焙烧反火严重

主要是风的抽力不够。可能是风机或烟囱的抽力不够、烟道堵塞或严重漏风、用闸不当、纸挡脱落漏风或码窑太密，风走不动等。应查明原因排除。

（8）无论如何提前闸，火就是不走

从火眼可见火焰停滞不前，甚至倒走。可能是保温冷却带的闸坏了或没盖严，或该段窑墙严重漏风，直接窜入烟道把火往后拉。检查时可启动风机和全开烟闸门，关闭所有哈风闸，用火把沿窑室内壁及哈风口、火眼做地毯式巡查，发现火焰往砖缝里面钻，该处即漏风，火焰往哈风口里钻，该哈风就坏了或没关严，对砖缝，应先掏深约3cm，再用加有3%～5%的工业用食盐或点豆腐用的"卤水"作成的泥条，塞满砖缝，对哈风闸，则应修换。轮窑的内侧窑墙贴近主烟道，抽力大，更易漏风。

如果码窑形式不对，坯垛阻力太大，纵向火道不通，火也走不动，应改进。

（9）前火不走，后火不保

此时，火向上飘，反火大，看不清窑底，焙烧带前火不下底，后火清底快。原因有：首闸太高，把火抽跑了，或打窑门太近，空气预热不够即进入焙烧带，流入炕腿，底火起不来；或火眼坯太密，外投煤不下底。为此，应降低首闸，推迟打门。如保温带降温严重，还应封堵已打开的窑门和遮挡部分出窑砖垛，减小进风，以及适当加密中、下部坯垛，降低炕腿高度。

如是烧窑工操作失误"丢火"，造成温度衰退，应及时发现，加强投煤保火，增加高温排数，至底火明亮无黑腰，才能恢复正常进排。

（10）轮窑的火在窑门处走不动

窑门处外火明显小于内火，温度低，火不走。可适当降低近闸，缓打窑门，并加强外火投煤。其主要原因是窑门没封好，窑门内墙与窑室直墙没对平，增加了通风阻力，窑门漏风，既大量散失热量又灌入冷风，温度起不来。以及码窑时没有两边靠紧，坯垛与窑墙的间隙太大等。应查明原因，加以改进。

（11）湿坯入窑害处多

对普通实心砖，要求入窑坯的残余水分为6%，不得超过8%，对空心砖应低于6%，干一点更好，湿坯入窑的害处较多，主要有以下几点：

①湿坯强度低：砖坯越湿越软，在预热带，低温高湿气流常集中在坯垛的中下部，易使炕腿坯凝露、吸潮、软化散架、压变形甚至坍塌，尤其哈风口附近的炕腿坯，危险更大。

②湿坯降低成品质量：砖坯凝露吸潮，表层水分增加而膨胀，脱水干燥时又收缩，使砖面出现网状裂纹、哑音、白斑等缺陷而报废。

③湿坯增加煤耗：理论上，1kg 水升高 1℃ 需要 1 大卡的热量，要把1kg、100℃的水烧成100℃的蒸汽，只需要539大卡（一般称为汽化潜热）的热量。实际上干燥砖坯中1kg的水不仅需用1100～1300大卡的热量，还需用约27m³的空气才能带走这些水汽。因此，只要砖坯的残余水分增加1%，尽管一块普通实心砖坯也才多0.03kg水，但一万块这种砖坯就要多出300kg水，理论上需要47.14～55.7kg标准煤和8100m³的空气才能干燥得了。

在隧道窑，还可能出现以下问题：

①焙烧带跑到预热带去了

即常说的火跑到进车端去了，造成这一情况的原因是：是较长时间没有进车，烧窑工又没有及时采取措施限风压火，以致火势直通窑门。

对付这一情况的有效措施是"进空车"，即进一个完全没有砖坯的空窑车再进2~3个正常码有砖坯的窑车，再进一个空窑车，又进2~3个正常码有砖坯的窑车……一般来说进2~3个空车就行了，进车的间隔时间可比正常进车稍快一点。

应该指出的是，不能指望立竿见影，至少也要空车进入着火区以后才会显现效果。

②焙烧带跑到保温带甚至冷却带去了，严重时推出来的窑车中部可见明火。

这种情况危害较大，因为一般隧道窑的冷却带，不是耐火砖砌的，承受不了长时间的高温，而且高温状态的砖经风一吹会产生发状裂纹，严重时成为哑砖。

造成这一情况的原因是追求产量，盲目进车把火推向了出车端。

解决的唯一办法是暂缓进车，等火返回到正常的焙烧带，再正常进车。

③窑车两侧的砖被剐坏、剐倒，这种现象多出现在窑车两侧的下段并往往出现在窑内发生了垮砖后，是窑墙两侧的哈风口内有掉进去的砖，把车两侧的砖剐倒了、剐坏了。

办法是：清除干净哈风洞里的砖块。

④窑车两侧及顶部的砖总是欠火而其余的砖都烧熟了。

原因是砖垛和窑墙、窑顶的间隙太大，通过的风也大，温度烧不起来。

一般规定上述间隙为50~80mm，常见有的窑这一间隙达200mm甚至更多，风把热量全吹跑了，能不欠火吗？

因此，码窑车时，应严格控制这一间隙，力争达到规定。

⑤窑车最底部的一两层砖出现欠火情况，多出现在窑车四周，中部的砖并无欠火，原因是窑车底冷风蹿上来了，如果是窑车两侧的砖欠火说明沙封中的沙太少了，或车的沙封板、窑的沙

封槽坏了，应补充沙或修理。如是窑车两端的砖欠火，说明窑车接头严重漏风，应修理。窑车焙烧时，要求在窑车面上的气压为零，即："零压点"，为此，隧道窑大都有大车底闸，当出现上述情况时，可以适当提高车底闸，把车底冷风拉走，不使上窜。但车底闸一旦提得太高，将把火拉下车底烧坏窑车轴承，切忌切忌。

当隧道窑没有车底闸，或该闸已经失效，作为临时措施，可以在出车端，封挡窑车车底，减少冷风进入。

⑥砖坯内燃掺到 500～600 大卡或更高，但窑内的火就是"不走"温度也"烧不起来"。

看起来这一情况"不近情理"，因为按常规内燃高了应该出现高温，甚至使砖"倒窑"，现在既没有出现上述情况，还把砖"烧好了"，成品砖中又没有残余的煤，这些内燃煤跑向何处？

其实，并不奇怪，因为"剧烈的氧化叫燃烧"，内燃再高，没有足够的氧气供给是烧不来的，就和蜂窝煤一样，如果把煤上的气孔堵了，或者把炉子的火门（进风口）关了，就只能在一定的温度下"煨熟的"，这就是和用高压锅温度很快就把排骨"压"熟了，而用小火慢慢多煨几个小时也同样能把排骨煮好是一个道理。

这种情况实际上是低温耗煤，缺氧燃烧，其"火就不走"，产量低也就不足为怪了。

因为煤在足氧状态下燃烧时生成二氧化碳，放出最多的热量，其化学反应方程式如下：

$$C + O_2 \longrightarrow CO_2 + 8050\ 焦耳热量$$

同样的煤在缺氧状态下燃烧只能生成一氧化碳放出最小的热量，其化学反应方程式如下：

$$C + \frac{1}{2}O_2 \longrightarrow CO + 1350\ 焦耳热量$$

两者相差 5.9 倍。因此，这种情况是燃料没有充分发挥作用而能耗高，产量低，"赔了夫人又折兵"。

其原因有二：一是码窑密度太大，二是供风严重不足。前者可能是错误地认为砖码得越多产量越高，须知，砖码得太密，通风不良火烧不走，产量反而更低，这就是和补药可以强身，但一天吃上一斤人参是要短命的啊！

供氧不足可能是风机的风量不足，应加大；也可能是烧窑工闸用得太低，风机开得不大（如有变频高速）时，把变频开得太小。笔者曾见变频只开了25Hz，须知此时风机的风量只有其额定值的一半，风压则降到额定值的四分之一，能把火吹得动吗？

⑦跳火：预热带某一段砖坯燃烧，此种情况个别时候也会出现在一次码烧的干燥带，甚至人工干燥室内。

其原因是该处砖坯的内掺发热量超高太多，而当时该段温度也太高，达到了其内掺煤的燃点以上。其治本的方法是严格控制原料的内掺热量不要超过其焙烧所需热量太多。

为此，生产中应配有原煤的发热量测定仪器，以准确控制原煤及原料的内掺热值，最好还应以自动配煤装置取代手工配煤，以保证内掺均匀。

当出现跳火时，可以揭开有明火段的火眼灌入冷风吹灭。

5.4 焙烧后成品常见问题和防治

5.4.1 炸裂

当入窑砖坯的残余水分过高，预热带初期的升温速度又超过了25～35℃/h时，坯体中迅速汽化了的蒸汽来不及排出，挤炸砖坯。残余水分越高，情况也越严重，甚至窑顶可听到炸裂声，尤其在蹲火后刚进入预热带的砖坯。因这时该段温度较高，更易产生炸裂。如果只是预热带升温较急，残余水分并不太高，水汽常只挤破砖坯表层，形成蛛网般的细裂纹。对此，除应控制入窑坯的残余水分低于8%外，还应适当延长预热带，使缓慢升温均匀脱水，以及在蹲火及轮窑烧纸挡后缓慢提远闸，慢慢加高。

110

5.4.2　"发"状裂纹

砖面上出现浅细而基本上没有分岔近似直线的裂纹，是保温不够急冷造成。为此，应有 10~15 排长度的保温带，轮窑不可近打窑门，隧道窑不许把保温带推到窑门上，焙烧带后不许长时间揭火眼灌冷风。

5.4.3　本来没有裂纹的砖坯烧成后大面上出现大裂纹，有时裂纹还延伸到条面或顶面

这大多是成型时留下的隐患，焙烧又用闸不当，裂纹扩大。为此，应适当降低原料的塑性指数，调整砖机螺旋绞刀的转速和螺旋角，采用分离式螺旋绞刀，并在泥缸上加打泥棒以减轻泥料分层；或采用热水、蒸汽搅拌、真空挤泥等措施来减少泥料中的水、气来消除分层。另外焙烧应正确用闸，均匀排潮以及分次落实门前闸等。

5.4.4　泛霜

砖面上生出一层白色粉末。这是砖体残留有硫酸镁、硫酸钠等可溶无机盐，吸水后渗出表层蒸发后的残留物。由于坯体含有一定数量的结晶水，脱水后膨胀，因此，在泛霜时还会崩裂砖的表层。为此，应控制泥料中氧化镁的含量低于 3%。强化粉碎，提高细度和适当延长焙烧及保温时间，使其生成不溶于水的硅酸盐，减轻或杜绝危害。

5.4.5　石灰爆裂

原料中的石灰石焙烧后变成生石灰，出窑后吸收空气中的水分生成熟石灰，体积剧烈膨胀而破坏砖体，叫石灰爆裂。空心砖壁薄，危害更大。为此，除要求原料中氧化钙的含量应少于 10% 以外，还必须粉碎其粒径小于 2mm，以化整为零减轻危害。在焙烧时把烧结温度提高到允许的最高烧成温度，并充分保温，使生

成不溶的硅酸钙。实验和实践都已证明：粒径在 0.85mm 以下的氧化钙颗粒在保持 1000℃ 的一定时间内，将会完成一系列的化学反应，与二氧化硅化合生成硅酸钙（$CaSiO_3$）。但此时泥料的烧结温度范围的上限应高于 1000℃，并充分保温。还有一个方法是：砖出窑后立即用水淋透，不等其吸水膨胀即已变成石灰浆而被冲走，避免危害。

5.4.6　砖面烧焦起泡

原因是焙烧带升温太快，表层迅速熔融烧结，堵住了孔隙，内部还在进行的理化反应所产生的气体无路可走，在砖面鼓成气泡。因此，焙烧带的升温速度应低于 40～70℃/h，尤其在坯体已达到 900℃ 以上温度时，继续升温的速度应低于 20℃～30℃/h，以防砖面烧焦起泡。

5.4.7　欠火砖

是烧结温度、时间和保温时间不足所致。其颜色比正品砖淡、声哑、比正品砖的外形尺寸稍大并稍重。断面颜色从表层到心部大不相同，心部常是泥料本色、强度极低、吸水率高、耐久性差、是废品，常出现在轮窑窑门、哈风口、坯垛顶部及两侧。因此，除应保证焙烧温度及保温时间外，还应注意封好窑门、强化外火，码窑时注意下稀上密、中稀边密以及不可近打窑门，杜绝哈风漏气。隧道窑还应注意坯垛和窑墙的间隙，应小于 8cm，并严防窑车接头及沙封漏气。

5.4.8　哑音砖

除因欠火造成的哑音砖外，成型时造成的隐形裂纹和因原料土中杂质太多、搅拌不匀留下的隐形分层、湿坯在预热升温太急、已被霜冻的砖坯和砖坯在预热带吸潮凝露等均会形成微裂纹，造成哑音砖。此外，如焙烧不当，过早打窑门，隧道窑把冷却带推到了窑外造成砖体突冷形成微裂纹等，也可能造成哑音砖。对此，除应强化原料处理，剔除杂质，充分混匀，改善砖机的有关参数外，还应注意不烧高湿坯、霜冻坯，同时应保证预热良好，有足够长的保温带。

5.4.9 黑头砖

多发生在炕腿处，砖的一部或全部呈煤一样的黑色，全是欠火砖。这是砖坯被未燃尽的煤及煤灰封住，在缺氧的情况下高温的碳原子渗入砖坯使砖染黑。

对此，焙烧时应勤添少加外投煤，不使窑底积炭，火眼坯垛应码好炉条坯，以打散外投煤，使均匀撒向坯垛各部而均匀燃烧，及加足内燃，力争少投或不投外燃煤。

5.4.10 压花

高内燃及煤矸石砖常在两坯叠压处出现蓝黑色的疤痕，有时黑疤还略有凹陷，叫压花。是因叠压处缺氧燃烧，泥料中的三氧化铁被还原为蓝黑色的氧化亚铁，因氧化亚铁对黏土类有较强的助熔性，焙烧产生收缩形成凹陷。但并不影响其强度。因此，砖坯的内掺热量不可太高。对高内燃的煤矸石砖可采用平装密码的码窑形式，把压花转移到不影响砌体外观的大面上去；成型时强化撒沙，使叠压面可以流过一定数量的空气；干坯入窑，防止上下砖坯"压花粘连"；焙烧采用低温长烧，尽量充分氧化，减轻压花。

5.4.11 黑心

砖的断面从表层到心部明显有别，表层颜色正常，越向心部越黑。其中，欠火黑心暗而无光，黑色染手而不刮手，在黑心和已烧好的表层之间有一条明显的红白色带。砖哑音，比正品稍重，属欠火砖。原因是焙烧温度及时间都不够。

另一种是过火黑心，黑心为蓝黑色，有光泽，刮手而不染手，为缺氧燃烧而生成的氧化亚铁，声清脆，强度较高，有时略

113

有变形，欠美观。原因是焙烧带升温较快，表层过早烧结，氧气进不去，焙烧温度也偏高。

因此，焙烧时须保持合理的升温速度，科学地选择烧结温度范围和焙烧保温时间，从而使砖坯烧熟烧透而不过烧。

各企业应根据自己的原料特点注意不断地积累本企业的焙烧经验，而其他企业的经验可以借鉴，但不得生搬硬套。通过自己的努力探索，一定会形成适合本企业原料的烧成制度。

本章复习

七分柴码三分烧，祖宗遗训要记牢，
稀密合理通风好，火势平稳产量高。
下稀上密底火快，中稀边密防烧坏，
内稀外密外火保，弯道外稀火快跑。
哈风拉缝好排潮，火眼脱空不能少，
平稳直正垛不倒，两边靠紧稳当了。
搭桥火眼煤散开，孔洞迎风火行快，
齐头并进火情好，火路畅通高产保。
封窑门，事不小，两层挡墙不能少，
泥浆抹面不漏风，门边产品质量保。
焙烧原则要牢记，切莫把它当儿戏，
四句话儿掌握好，实际操作要仔细。
平稳预热排潮好，烧结温度勿超高，
保温冷却须谨慎，快速急冷定糟糕。
引前火点燃坯垛，加边火弥补散热，
看中火住抓重点，保后火平稳冷却。
看火加煤应做到，勤添少加火情好，
低温长烧办法妙，节能质优产量高。
烧窑看火基本功，三快二准不轻松，
昼夜晴雨不一样，内外有别要分清。

揭盖火眼动作快，冷风窜进要作怪，
看火迅速温度准，慢了火色已不稳。
加煤工作不轻巧，其中学问也不少，
煤应干透并粉细，投进火眼就燃烧。
投煤动作也要快，投完就把火眼盖，
投煤时间掌握准，窑内火情才平稳。
哈风闸，是风门，靠闸控火应拿稳，
合理用闸须模范，切莫任意胡乱行。
顺阶梯闸产量高，桥式闸的排潮好，
隔门落闸应遵守，先提后落须做到。
远闸底风底火好，近闸高吊热放跑，
缓提缓落火平稳，猛升猛降火乱套。
窑门应分几次打，不可一次全打垮，
大量冷风突涌入，冲击火情要抓瞎。
先把外墙全拆光，内墙只开一小窗，
面积约为六（分）之一，窗的位置要思量。
焙烧尾部底火大，窗开下面不用怕，
如果顶部火势旺，顶部开窗才恰当。
等到过了一小时，打完半墙不算迟，
再过一个小时后，内墙打完正合适。
下一窑门的外墙，可以同时一扫光，
如此循环往前赶，保温冷却较正常。
遇到高温莫惊慌，限氧压火头一桩，
堵门遮砖把风挡，降闸减风压火强。
局部高温揭火眼，灌进冷风火热减，
正压火眼热放跑，同样有助把火消。
提倒闸，把火放，严重高温首选方，
舍车保帅战术好，可保多数砖不倒。
一旦温度渐正常，急落倒闸没商量，
恢复正常来操作，严守规程保吉祥。

有人看见火太大，火眼灌水把火压，
自以为是办法巧，其实后患摆下了。
灌水窑室出哑砖，损失有限都不谈，
窑墙激水损失大，内墙砖体要粉化。
窑炉寿命大缩短，你看划算不划算，
还是尊重科学好，安全生产效益保。

第6章　砖瓦焙烧自动控制系统

砖瓦焙烧自动控制系统，俗称"电脑烧砖"，是由成都市墙材革新建筑节能办公室组织，利马高科（成都）有限公司牵头，四川省建材工业科学研究院参与，根据具有中国特色的内燃烧砖工艺特性，研发出来的具有完全自主知识产权的专利产品，已成功应用于成都、北京、天津、河北、河南、山西、山东、江西、江苏、湖南、湖北、广西、安徽、内蒙古、重庆、云南、福建等省市的几百家砖厂，取得了优质高产、降低能耗的显著效果。该系统已立项为国家科技部创新基金项目，列为成都市重大节能项目，也得到国家发改委、国家墙改办的充分肯定，要求在全国示范推广。

6.1　基本工作原理

砖瓦焙烧的关键技术是要有一个适合该窑炉及相应产品规格的升温、恒温、保温、降温过程中温度随时间变化的焙烧标准工艺曲线，传统的肉眼观测焙烧窑炉温度受外界因素和个体感觉因素影响极大，而用计算机检测窑炉温度则完全没有这个问题，科学检测为砖瓦焙烧的自动控制奠定了基础，焙烧工艺的标准化和砖瓦焙烧过程的自动化带来稳定的优质高产和节能降耗，从而给砖厂带来显著的经济效益。

6.2　系统解决方案

该控制系统将分布于隧道焙烧窑和干燥窑各车位的温度和压

力传感器检测参数输入到计算机，计算机经过数据信号放大、数据采集和数据处理，把实时焙烧数据和设定的温度、压力工艺标准曲线参数进行对比，在输送到液晶屏显示的同时，能根据比较误差的情况、焙烧工艺的热工惯性、内掺燃烧反应的能量状况及变化趋势做出判断，改变窑炉风机变频器的频率，调整风机的转速以调节风量和压力，控制火带温度；可启动自动外投煤设备自动喷煤粉燃烧升温，促使实际的焙烧曲线和底部温度接近或达到设定的温度、压力工艺标准曲线，使其在允许的范围内波动，以保证产品的质量、产量，最大限度地提高窑炉的热工性能，达到节能减排。

如果系统配置有自动磨煤喷粉装置时，计算机不但可以向窑内自动喷洒煤粉，弥补内掺煤的不足，调节窑炉温度，也可以实现外燃喷煤粉烧砖的工艺控制。

6.3 系统功能及主要技术指标

（1）适用对象：隧道焙烧窑，隧道干燥窑，轮窑；

（2）使用环境：−10℃～60℃、IP54 防水、防尘、防二氧化硫；

（3）供电电源：220±60V AC（具有高压保护：400V AC、隔离 3000V DC、防雷）；

（4）检测指标：

检测温度范围：0～1200℃，检测精度：±1℃；

检测压力范围：−250Pa～+250Pa，检测精度：±1%；

检测频率范围：0～50Hz，检测精度：±1%；

（5）基本配置：32 路热电偶、2 路 4～20mA 输入、2 路 4～20mA 输出、8 路开关量输入和 4 路开关量输出；

（6）具有温度、压力等传感器自动检测、历史记录和实时数据显示功能；

（7）具有历史数据查询显示、历史焙烧曲线显示和历史报警提示显示功能；

（8）可自动或者人工设定焙烧工艺和干燥工艺标准火带曲线；

（9）能按焙烧工艺标准曲线和火带温度自动判定合格砖，通过打铃提示顶车；

（10）能按焙烧工艺标准和实时火带温度、燃烧状况等条件，自动调节温度：

①当温度高时加大风机转速，或当温度低时降低风机转速；

②内掺低导致的温度低时，可自动喷煤粉或者加风投煤，并提示外投煤；

③具有温度过火砖/欠火砖报警，提示降温/升温操作；

（11）具有手动/自动调节变频器功能；

（12）可电自动或者计算机自动启动喷煤机加煤粉（配有喷煤机系统）；

（13）具有互联网远程焙烧信息转送，远程焙烧控制技术服务（选配）功能；

（14）可靠性指标：

①平均无故障时间：360 天；

②热电偶设计使用寿命：3 年，保修一年；

③计算机及接口：5 年，保修一年，计算机软件免费升级。

6.4　砖瓦自动焙烧系统的构成

砖瓦自动焙烧系统由隧道焙烧窑和干燥窑及其相关设施加上自动检测和自动控制设备等构成一个砖瓦焙烧自动控制系统，整个系统中的各个设备必须配合协调，才能达到工艺要求的质量和产量效果。因此，有必要对系统中的有关工艺设施在焙烧过程中的作用原理作一个介绍。

6.4.1 烧结砖焙烧、干燥工艺

（1）一次码烧和二次码烧的焙烧隧道窑和干燥隧道窑

砖瓦的烘干和焙烧工艺分别由干燥隧道窑和焙烧隧道窑来完成，若干燥窑和焙烧窑尺寸相同，并采用一种窑车，经成型→码车→烘干→焙烧，只做了一次码砖坯就送到窑车上，故叫一次码烧；二次码烧的工艺特点是：干燥窑和焙烧窑采用不同的窑车，从成型到焙烧经过了两次码坯，即：成型→一次码车→烘干→卸车→二次码车→焙烧。

（2）几个细分工艺

①进口工艺的大断面隧道窑

送热风机从焙烧窑的冷却段抽出热风到干燥窑烘干砖坯，干燥窑采用排潮风机负压排潮；焙烧窑出砖窑门关闭，冷却风机鼓风供给抽热和焙烧；抽烟和送热风机并联后与冷却鼓风机串联，风机串联风量相等，风压相加。焙烧窑为正负压。

②传统的小断面隧道窑分成烘干段和焙烧段，在烘干段设计抽烟排潮风机，有的在焙烧预热带设计抽热见机抽出热风。

采用一次码烧，负压或者正压排潮工艺——从焙烧窑的预热段抽烟并鼓风送热到干燥窑。干燥窑有的采用排潮风机负压排潮、有的采用正压排潮；焙烧窑全为负压。

③直通隧道窑

采用烘烧一体的一次码烧，负压排潮工艺——将烘干窑与焙烧窑连接成一体，送到烘干段，有的在焙烧冷却段抽热送到烘干段。

④窑体移动一次码烧隧道窑：烘烧一体，有轮窑火走砖不走的特点，不需要窑车；窑体侧墙和顶随火带移动而移动，其干燥和焙烧的特点与直通式隧道窑相同。

近年来，已广泛使用在隧道窑的热工系统中将保温、冷却带的余热抽出，送入预热带或干燥带（窑），从而大幅度提高了窑的热效率，降低能耗。

120

6.4.2 干燥窑和焙烧窑设施在自动控制系统中的作用

（1）隧道式干燥窑设施在自动控制中的作用

①负压排潮烘干窑

A. 烘干窑排潮风机：排出窑内产生的潮气。

B. 焙烧窑抽烟抽热风机：从焙烧要抽热风到烘干窑（抽烟或者抽热）。

C. 焙烧窑的哈风闸和余热闸：调节烟热或者余热温度。

D. 烘干窑送热风闸：调节热风在烘干窑中分布。

上述四种设备用来控制调节烘干窑内的温度和湿度。排潮和抽烟或抽热风机串联工作，风量决定于二者中较小者，风压为二者之和；同时改变排潮和抽烟或抽热风量才可改变烘干排潮风量；同理，排潮风量的改变也会影响焙烧窑的抽烟抽热焙风量；改变烘干窑上各个车位热风闸的开度就可调节各个车位的相对温度和湿度；改变焙烧窑哈风闸或者余热闸的位置和开度可以改变烟热温度。

E. 循环风机：顶部供热需要循环风机将顶风压向坯垛底部，并搅动空气以减少顶部与底部的温差。

F. 进车：当烘干窑各个车位的温度、湿度、时间都达到标准要求时需及时进车，调节进车时间可以调节烘干效果，进车间隔越长，烘干效果越好，单产量降低。

G. 排潮口：排潮风温以湿度小于95%不产生冷凝水为标准，风温越低其带走水分的能力越弱，排潮风量不变时，当排潮的风温从45℃降到40℃时，其带走水分的能力降低了32%；或者说温度降低5℃，风量须增加32%才能达到45℃的排潮效果。这就是气温下降时塌坯的主要原因。冬天比夏天砖坯的温差有30℃左右，干燥窑应该设计多个排潮口，冬天可以向出砖口方向移动排潮口位置，也可以加大排潮位置预热段热风的进风量，使排潮风温维持到45℃，也可以在排潮温度降低时增加排潮风机和抽热风机风量，增加排潮温度和加大排潮风量是解决冬季或者气温降低倒窑等烘干问题的主要手段。

H. 窑门：负压排潮烘干窑进车和出车窑门在正常烘干时关闭运行。

I. 沙封：负压排潮烘干窑的沙封使窑内与车底密封，防止冷空气上窜。

K. 码坯：码坯方式需要留出与烘干窑垂直、与每个热风口对位的送热风道，顶部间歇高度小于 15cm，横截面通风率大于 35%。

监控调节烘干窑温度湿度的 4 个方法：调节送热热风温度和风量、调节热风入口、调节排潮出口、稳定排潮风量（大于送热风量 10% 左右）。

②正压排潮烘干窑

A. 热风口：正压排潮多数从车底和侧墙送热风，没有沙封，只要窑门口不冒烟一般没有窑门，气流在烘干窑内不是顺窑横行，而是以上行为主，对顶部间歇要求不高。热风口基本上全窑分布，调节各送热口的开度匹配可以调节干燥窑预热温度、排潮温度、风量分配、砖坯脱水速度，从而得到一个合理的砖坯温度曲线和脱水曲线。

B. 焙烧窑抽烟抽热风机：产生负压作用于焙烧窑，抽烟或抽热风机从焙烧窑的预热段或者冷却段抽出热风，再从抽烟风机出口以正压鼓入干燥窑烘砖。

C. 排潮口：正压排潮人工干燥室的排潮口，为排除砖坯水分的通道，直接接通大气。受外界温度、气压（空气比重）影响极大，最好是其开度可调。排潮口排出的热气流温度一般在 45℃ 以上，含水蒸气热气流的比重必须小于大气空气的比重，使出口热气流上升，在烟囱底部产生负压和送热正压一起作用排潮。其排潮风量决定于焙烧抽烟或者抽热风机鼓入的风量。所以正压排潮温度降低或者排潮湿度增加导致热气流比重增加，或者抽烟风机风压风量减小都会使热气流上升的速度降低，引起排潮不畅的烘

122

干问题。

监控调节烘干窑温度的 3 个方法：调节隧道窑抽热风温度和风量、调节热风入口开度、调节排潮口位置和开度。

（2）隧道式焙烧窑的设施在自动控制系统中的作用

①抽烟风机

其作用一是给焙烧窑燃烧供风（供氧）和给干燥窑烘干送热，冷风经过出砖口、冷却带、保温带、燃烧带、低温预热带的哈风闸被抽烟风机抽出焙烧窑。其风向与砖坯走向相反；二是把抽出窑内烟气（热）送去干燥窑烘干砖坯。在焙烧窑的低温预热带，风传热给砖，使砖坯温度达到煤的燃点，达到内掺煤燃点后，内掺煤的燃烧使温度上升到最高温度（1000℃），抽烟风量须匹配内燃煤量，使该燃烧带有合适的氧含量，让 70% ~ 80% 的内掺煤的碳在此带燃完，再进入保温和冷却带；在保温冷却带，砖传热给风，使风温达到最高温度再进入燃烧带助燃。风量过低燃烧不好，燃烧发出热量低，前火不走，后火不收，火跑面不下底；风量过高，烟气带走热量多，前火走，后火收，但全窑温度都低，火跑底不上面。

②抽热风机

从冷却带抽余热送烘干窑烘砖，不供氧燃烧。当风量增加时，冷却带温度降低，保温、焙烧、预热带温度下降；当风量减少时，冷却带温度增加，保温、焙烧、预热带温度增加。抽热风机的风向与抽烟风向反向，抽余热会减少抽烟风量，也会造成窑温下降；但是，当燃烧带离抽热风机位置近时，抽热风量加大会造成火不走，码坯中部过火砖。采用窑门冷却风机供风时，抽热风量加大将减少抽烟风量，严重时造成缺氧燃烧。

③车底

隧道焙烧窑的窑车底为一个贯通的风道，通过窑车两边的挡风板和沙槽把车底和窑内空气隔开。如果车底压力与窑内压力相对平衡时，车底风不能进入窑内，底部不出生砖；也不让窑内风从窑内审下车底而烧窑车。车底的温度一般控制在 70℃ ~ 100℃

以内。

④沙密

加沙口加绿豆大小的粗砂，避免风把细沙吹空；粗沙通过窑车挡板带走并布满全部沙槽，隔断底部与窑内的风道，减少出生砖，避免烧窑车。

⑤车底平衡风机和压力检测控制

为了使车底压力与窑内压力平衡相等，焙烧窑设计了车底平衡风机。对无窑门冷却风机的隧道窑来说窑内是全负压焙烧，车底平衡风机都是抽风；对出砖窑门密封采用冷却风机鼓风供氧的隧道窑来说，窑内压力前段（预热带）为负压，冷却段为正压，两个平衡风机一个抽风，一个鼓风。一般安装两对压力检测，通过变频调节两个风机的风量，使前段和后段的车底压力与对应窑内压力相等平衡。特别提醒的是，如果车底有隔断，调节压力平衡的效果好得多。加变频的平衡风机和压力检测可以实现车底平衡自动控制。

⑥车底平衡闸

其作用相当于产生负压的平衡风机，但是不方便实现自动平衡控制，同时在正压段不能提平衡闸。

⑦低温预热哈风闸

从进车到560℃之间的车位（即 1～10 车位）的哈风闸叫低温预热哈风闸，低温预热哈风闸的总开度决定了总风量，开度的组合变化决定了 1～10 车位温度分布。

低温预热哈风闸的最大拉闸高度约为哈风闸半径，拉闸个数为总风道直径与哈风闸直径的倍数的平方。例如总烟道直径为 1.2m，哈风闸直径为 0.4m，其总风道直径与哈风闸直径的倍数为：1.2÷0.4＝3，满闸的个数为：32＝9 个，平均开度为半闸，则应该有 18 个，即 9 对闸。这样才不会让风压损失在风闸上。

特别需要指出的是，当用变频器调风机时，应该给哈风闸的通风面积开满，以保证风压不消耗在风闸上。闸型和开度决定了火速即产量；在自动焙烧控制时，空心砖，多孔砖，标砖需各用一种闸型；湿坯和干坯进窑的闸型也不相同；当风机调到干燥窑所需风量的转速下限时火速仍然过快，则需要调整闸型和开度。

闸型开度原理与温度关系：拉哈风闸就是调节对应车位流过的热烟气量，流过的热烟气量越多越久，交换给砖的热量就越多，温度也就越高。各种闸型的高度和各个车位通过的热烟气量估算和温度如图6-1~图6-3所示。

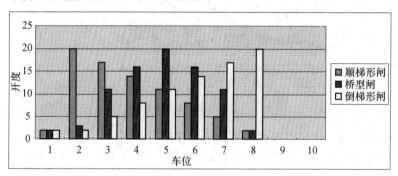

图6-1　三种闸型的开度—车位图

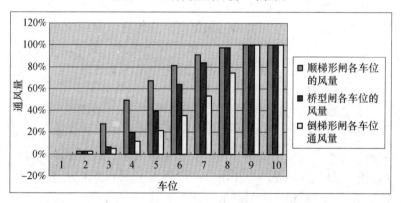

图6-2　三种闸型的通风量—车位图

从温度—车位图的分布看出，顺梯形闸在10车位的温度高于桥型闸温度，桥型闸高于倒梯形闸。所以顺梯形闸对焙烧最有利，预热温度高，火下底，焙烧快省煤，产量高，桥型闸次之，倒梯形闸产量最低。从排潮角度讲，桥型闸和倒梯形闸可以降低

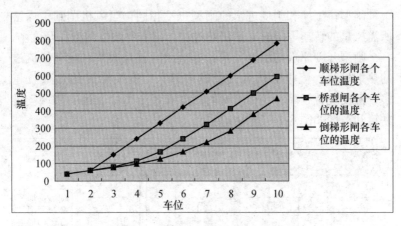

图 6-3　三种闸型的温度一车位图

焙烧火速，而排潮温度较高，有利排潮；直通窑一般在干燥段拉一个桥型闸，再在焙烧低温预热段拉另一个桥型闸，组成烘烧一体；从提高烟热的角度讲，桥型闸和倒梯形闸从焙烧窑向干燥窑放热比顺梯形放热多，所以当砖坯不干时和新窑起火时常用桥型闸，烧空心砖也多半用桥型闸来解决预热快的矛盾；当需要高产和烧标砖时多用顺梯形闸，"顺梯形闸产量高"就是这个道理，这也说明，火不下底或者火跑面，影响产量的主要原因在预热段的底温低于顶温。

⑧高温预热带哈风闸

高于 560℃ 到最高温度车位的闸为高温预热带哈风闸，或叫近闸，近闸主要用于烧蹲（吊）火，放慢火速，解决爆坯，提高烟温的放热操作，是应急用闸，一般使用了一个顶车时间后就关掉，不然火速减慢，产量降低。

⑨冷却段抽热哈风闸

当内掺发热量过高，最高温度车位不变，冷却带温度高时可以使用抽热闸。对于火速慢火带靠后的情况，不宜使用抽热哈风闸，因为抽热哈风闸将导致火速更慢。使用抽热闸时抽热口需远离焙烧段，对始终在冷却段抽热的大断面焙烧窑来说，当最高温

126

度车位在 18、19 等车位以后，由于离抽热口距离小于 10 个车位，导致火速减慢，产量降低。

⑩低温预热带的火眼

低温预热带揭开火眼的作用——当总风量不变的情况下，向窑内灌入冷风并降低窑内温度，同时减少高温预热段和焙烧段的风量，使焙烧火速减慢。低温预热带揭开火眼后，焙烧段、保温段和冷却段温度增加。一般在湿坯进窑采用揭开火眼，解决烘干需要风大和焙烧需要风小减慢火速和顶车的矛盾。在自动控制焙烧时，除非干燥窑温太高，一般不宜长期揭开该段火眼焙烧。

⑪高温预热带的火眼

当需要降低高温预热带和低温预热带温度时，应揭开该段火眼。揭开火眼后，烘干风量增加、焙烧风量减少、保温带将变长、冷却段温度增加。其另一个作用就是用火眼外投引火煤。

⑫焙烧带火眼

从 850℃ 以上到最高温度车位的火眼为焙烧带火眼，该段一般为负压段，揭开该段火眼，可以降低焙烧段温度，预热带温度不变，保温段和冷却段温度增加。焙烧带火眼揭开后，一旦焙烧段温度降下来，应立即盖上。另一个作用就是从火眼看火，投煤升温，加沙降温。

⑬保温带火眼

从最高温度下降到 850℃ 的车位为保温带火眼，该段窑内为负压时揭开火眼，焙烧段、保温段温度降低，冷却段温度增加；当该段窑内为正压时揭开火眼，焙烧段、保温段温度增加，冷却段温度降低。高温处理一般揭开该段火眼或者焙烧和保温带火眼一起揭开，如果只揭开焙烧带的火眼，保温段温度可能升高而出过火砖。该段火眼揭开后，一旦温度降下来，应立即盖上。

⑭码窑与通风燃烧

"边密中稀，上密下稀"是相对稀密码窑原则。相对稀密的目的是通风平衡，温度平衡，温差减小。检验相对稀密码窑的量化办法有 3 个：

A. 码窑尺寸检验：砖坯与窑墙平均间隙小于100mm，顶歇小于150mm；砖坯密度270~300块标块/m³；坯垛横断面通风总面积与窑通道横断面积的百分比在30%左右；通风总面积中，顶隙面积与侧隙面积占通风总面积的30%左右。

B. 层面温度测试：测试焙烧带几个车位，两顶侧，顶中，两底侧的温度，层面温差应小于50℃。相对温度高的地方应该变稀，温度低的地方加密。

C. 产品尺寸测试：检查出砖的尺寸，长度尺寸大的地方码坯加密，尺寸小的地方变稀。自动控制焙烧时，窑车底部温度和顶部温度层面温差可通过喷煤粉的方法使其降到最小。

⑮顶车

内掺煤砖顶车的烧结作用——冷却段出产品，焙烧段添加燃料。

在温度升温达到850℃及以上，砖瓦进入烧结阶段，温度越高，烧成时间越短；反之，温度越低烧成时间越长。烧结砖的烧熟程度与温度和烧结时间关系如下：

A. 黏土标砖的烧成时间-温度关系（图6-4）

烧结温度（℃）	850	900	950	1000	1050	1100
烧熟时间（t）	13	9	5	2.5	1.5	1

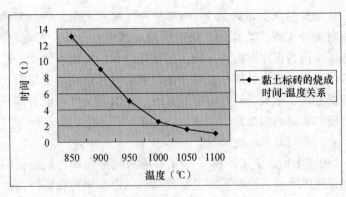

图6-4　黏土标砖的烧成时间-温度关系

通过将低温长烧与高温短烧的温度作比较，其温度的变化不超过50℃，但最高温度降低50℃左右，其焙烧时间将延长一倍；在定温、定点、定带的原则下，顶车的快慢决定于火行速度。

B. 磨煤喷粉机：煤粉喷入窑内烧砖是提高外投煤燃烧效率的节煤烧砖方法，在国外外燃煤烧砖工艺中已是成熟技术。用利马高科（成都）有限公司的自动磨煤喷粉机代替人工外投煤，不仅解决了计算机焙烧中自动投煤难点，而且提升底部温度效果特好，可以节约外投煤50%以上。

C. 喷风外投燃料机：主要用于锯末、麦壳、秸秆作为外燃料自动喷入窑内烧砖，也可以用于自动外投煤。

6.4.3　隧道窑砖瓦焙烧的原理

（1）焙烧

砖坯在隧道窑中经过850℃～1050℃温度的烧结，并维持一定的时间间隔，在窑炉进行内热加工，完成一系列的高温物理化学反应，使产品冷却后具有一定的机械强度和物理化学性能，这个过程即为焙烧。

隧道窑焙烧的特点：砖坯从进车端顶入，同时从出车端顶出；各车位温度固定（定带）；最高温度车位固定（定点），最高烧结温度固定（定温）。顶车时温度向进车端移回一个车位；顶车后窑内的温度向出车端移动一个车位；当顶车的时间间隔等于温度回移一个车位的时间，最高车位位置和温度基本不变，火带温度基本不变，就实现了定带、定点、定温焙烧。

供风、抽烟和送热：隧道窑的供风从出砖端吸入或者鼓入，经过冷却带吸收砖余热加温后进入燃烧带，供氧燃烧，再经过高温预热带、低温预热带将烟气中的热量交换给砖坯，最后以余热约100℃左右烟气由抽烟风机抽出焙烧窑后再鼓入干燥窑作为烘砖的热源。送热风机从冷却段抽出加热后空气直接送干燥窑烘砖，此时鼓入窑内的风量需大于或者等于送热和抽烟风机从窑内抽走的风量。

（2）发热量、热平衡与焙烧的温度，富氧和欠氧燃烧

燃烧应该满足3个条件：可燃物质、达到该物质的燃点、有足够的氧气。

在砖瓦窑炉焙烧过程的热平衡中，可燃物质是煤，采用空气供氧。空气中的氧含量为21%，79%为其他不助燃的气体。提供空气助燃时，一是煤燃烧发出热量；二是烧砖耗热；三是抽出含有温度高于100℃的二氧化碳和79%的空气中氮气的烟气，从窑内带走热量；四是窑车出砖从窑内带走热量；五是窑体散热带走热量。

内掺或者外投煤燃烧发出热量为进入窑内的主要热量，按行业标准《烧结砖瓦能耗等级定额》JC/T 713—2007人工干燥隧道窑烧成单位总热量定额为：

一级	350	大卡/千克产品
二级	385	大卡/千克产品
合格	425	大卡/千克产品

以一个3.3m断面，100m长的隧道窑热平衡计算表为例（表6-1）。从表6-1中可以看出：

当输入给焙烧窑的热量小于支出的热量时，温度达不到最高烧成温度所需的烧结最高温度。

坯体化学反应耗热仅17.70%，余热利用潜力大。

减少热量支出的主要措施在于利用自然干燥降低砖坯的水分，入窑砖坯水分降低3%，热量支出将减少10%；人工干燥比自然干燥多用27%的煤。

延长出车时间到1.5倍（即90分钟时），烧蹲火，热平衡计算表中5，6，7，8，9，10，11款增加热量支出25%。

当抽风量高于最佳的空气过剩系数时，如果抽风量大于50%，富氧燃烧，烟气带走热量支出增加10%，窑内温度能量下降10%。

130

表 6-1　3.3m 断面 100m 隧道窑一次码烧每小时 3345 块标砖的热平衡计算表

单位发热量:471kcal/kg 砖

序号	热收入项目	单位(kJ/h)	单位(kcal/h)	比率(%)	序号	热支出项目	单位(kJ/h)	单位(kcal/h)	比率(%)	备注
1	砖坯带入热	150368	36072	0.92	1	坯体残余水分4%蒸发耗热	1999470	479650	12.17	
2	窑车带入的热量	80666	19351	0.49	2	水分加热到烟气温度耗热	105112	25215	0.64	
3	燃料带入热量	15579858	3737432	94.81	3	坯体化学反应耗热	2908867	697804	17.70	
4	入窑空气20℃带入热,43083m³烟气100℃,折合风18000m³/h,2m³风/kg砖坯	466733	111964	2.84	4	产品带出热40℃,3345块/h	274358	65815	1.67	人工干燥比自然干燥多用31%煤;4m³烟气/kg砖
5	漏入空气带入的热	154358	37029	0.94	5	烟气带走的热90℃	3468528	832061	21.11	
6					6	抽热带走热200℃	2860333	686162	17.41	

序号	热收入项目	单位（kJ/h）	单位（kcal/h）	比率（%）	序号	热支出项目	单位（kJ/h）	单位（kcal/h）	比率（%）	备注
					7	窑体窑车散热和带车带走热	2448160	587286	14.90	
					8	窑顶水冷换热带走的热	759787	182264	4.62	
					9	加煤孔盖散热	1586	380	0.01	
					10	加煤孔跑走的热	669393	160580	4.07	
					11	窑车底部散热	80923	19413	0.49	
					12	其他未计入的热损失	855466	205217	5.21	
	收入热量总计	1643198	3941847	100.00		支出热量总计	1643198	3941847	100.00	

132

当抽风量低于最佳的空气过剩系数时，为欠氧燃烧。若抽风量不足最佳空气过剩系数的 50% 时，为全部燃料产生一氧化碳的不完全燃烧，其发热量约为完全燃烧的 30%。如果抽风量再减小 10%，至少有 20% 燃料会发生一氧化碳燃烧，燃烧发热量转换成温度至少减少 14%；窑内温度能量至少下降 14%。

从热平衡例子可以看出：在焙烧的时候，若多 10% 的空气，只多支出热量 2%；但若少 10% 的空气，则发出的热量将减少 14%。

（3）预热、烧结、冷却的温度—位置关系

①定义

砖瓦焙烧窑位置温度关系定义为火带；

隧道窑温度—车位关系曲线定义为火带曲线。

②按焙烧基本功能定义为火带

把从砖坯进窑后升温到 850℃ 的车位带定义为预热带（分成低温预热带、高温预热带）；把从升温到 850℃，又升温到最高温度，再下降到 850℃ 的车位带定义为烧成带；把从下降到 850℃ 后又降温到出砖温度的车位定义为保温冷却带。

③按煤的燃烧位置定义火带

把从砖坯进窑后升温到 600℃ 的车位带定义为低温预热带；把从 600℃ 升温到 850℃ 的车位带定义为高温预热带；把从 850℃ 升温到最高温度（约 1000℃）的车位带定义为焙烧带；把从最高温度下降到 850℃ 的车位带定义为保温带；把从下降到 850℃ 后又降温到出砖的车位带定义为保温冷却带。

以下是一个 30 个车位的标准火带设计：

进焙烧窑的是含水率为 2% 的空心砖，最高烧成温度车位在 13 车位，最高温度 990℃，火行速度为 45min 一车。从进车到 850℃，每车升温 80℃（106℃/h），到达高温 850℃~1000℃ 为 3 个车位，分别升温每车 70℃、40℃、30℃，每 h 升温为 93℃/h、53℃/h、40℃/h；1000℃~850℃ 时降温分别每车为 50℃、60℃、

表 6-2 焙烧窑温度-位置（火带）关系

车位	1	2	3	4	5	6	7	8	9	10	11	12	13	14	15
温度（℃，标砖，4%水）	40	110	180	250	320	390	460	530	600	670	740	810	880	930	970
每车升温（℃）		70	70	70	70	70	70	70	70	70	70	70	70	50	40
温度（℃，空心砖，2%水）	40	130	220	310	400	490	580	670	760	850	920	960	990	960	930
每车升温（℃）		90	90	90	90	90	90	90	90	90	70	40	30	-30	-30

车位	16	17	18	19	20	21	22	23	24	25	26	27	28	29	30
温度（℃，标砖，4%水）	1000	970	930	880	810	730	650	580	510	440	370	300	230	140	50
每车升温（℃）	30	-30	-40	-50	-70	-80	-70	-70	-70	-70	-70	-70	-70	-90	-90
温度（℃，空心砖，2%水）	880	820	750	700	650	600	550	500	430	360	290	240	190	120	50
每车升温（℃）	-50	-60	-70	-50	-70	-50	-50	-50	-70	-70	-70	-50	-50	-70	-70

134

70℃，每小时降温为 66℃/h、80℃/h、93℃/h，其他点降温为每车 50℃~70℃。在 2~3 车位，温度升温如果超过 150℃/h（每车 112℃），容易发生爆坯和网状裂纹；在 21~23 车位，温度降温超过 93℃/h（每车 -70℃），容易发生冷却发纹和哑音。最佳烧结温度 990℃，烧成温度范围为 960℃~1020℃；过火报警温度 1050℃；欠火报警温度 920℃；火带分布情况如图 6-5 所示：低温预热带 1~7 车位、高温预热带 7~10 车位、焙烧带 11~13 车位、保温带 14~16 车位、冷却带 17~30 车位。

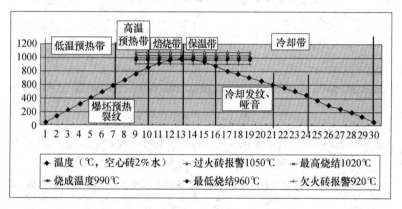

图 6-5　火带的分布情况

温度位置曲线与温度时间曲线的关系，用每车的顶车时间换算，得到温度时间曲线关系，两者原理相同，表现方式不同，其中换算关系是火行速度（m/h）。

（4）砖瓦窑焙烧火行速度与产量关系

从焙烧过程总体来看，轮窑是火走砖不走，隧道窑是砖走火不走。从隧道窑在一车的顶车时间内来看，火仍然是从出车端向进车端行走，火行每走一个车位，隧道窑顶一车，将火顶回原位，顶车快慢与火速相等，维持火定点不走；轮窑火行每走一个窑门，移动风闸一个窑门，让风跟踪火行速度。

图 6-6 中的标准火带和实际火带示意图。2009 年 3 月 11 日 5：50 顶车后，实际火带向出车端移动一个车位。

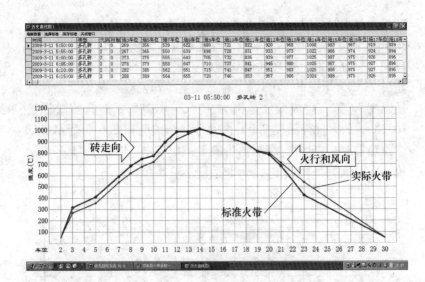

图 6-6　标准火带和实际火带示意图

如图 6-7 所示，顶车后 75min，实际火带向进车端移动一个车位 4.35m，并与标准火带重合（图 6-7），可以顶下一车。

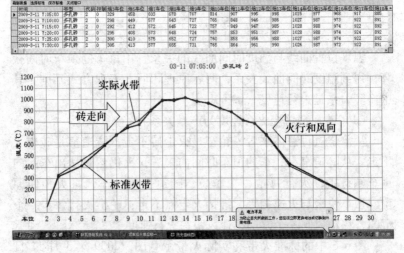

图 6-7　实际火带与标准火带重合示意图

136

按上述的焙烧火行速度为 75min 一个车位：4.35m，火行速度为 3.48m/h。每车为 KB1 多孔砖 5840 块，折标 9928 块，每天产量 19.2 车，每天生产多孔砖 112128 块，折标 190617 块（6.9m 大断面）。火速决定产量。

（5）实现定温、定点、定带焙烧

定温：确定焙烧的最高温度；

定点：确定最高温度点的车位；

定带：确定一条温度标准火带曲线。

如果按标准火带曲线烧砖，当实际火带曲线与标准火带曲线重合即顶车，就可实现定温定点的焙烧。

当火行没有达到标准曲线时提前顶车，火带向出砖方向后移；当火行达到标准曲线后顶车，火带向进砖方向前移；采取加快顶车，火带后移的办法似为"杀鸡取卵"的焙烧，此时产量是顶出的，而不是烧出的产量。烧蹲火不揭开火眼减速，仅仅延后顶车焙烧，火行速度将急剧加快，引起预热带温度偏高。如果湿坯进焙烧窑，还可能出现爆坯和因预热升温过急，水汽蒸发过急或者水分排出困难而产生的干燥裂纹。定点、定温、定带焙烧是隧道窑稳定高产、高质量、低煤耗最基本的焙烧方法。拉锯式（火带前移又后移）的烧法，将带来产量、质量、煤耗不稳定。

①压力曲线

在进窑的风量和风压确定后，抽烟和送热风机的风量与窑的阻力形成隧道窑中的各个车位的风压，其含义是间接监测鼓风风量、送热风量、抽烟风量，并使其风压平衡而达到风量基本平衡。大断面隧道窑的零压点一般在最高温度车位的前一个车位到后一个车位之间，当抽烟风机转速一定时，零压点越靠向进车端，风量越大；小断面隧道窑全窑负压，负压越大，风量越大，零压点在出车端。

以下是一个 2.5m 断面隧道窑实际测试的压力和顶部温度曲线（图 6-8、图 6-9）：

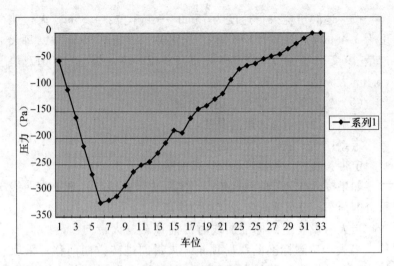

图 6-8　压力曲线

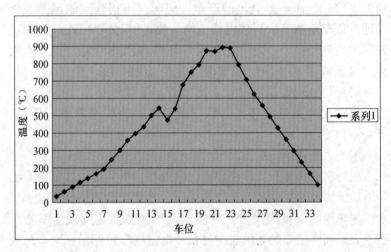

图 6-9　车位—顶部温度曲线

16 到 23 车位高温气体膨胀近 3～4 倍，流速加快 3～4 倍，该段两车位压差为 17～25Pa，25～33 车位压差为 5～10Pa；15 车位有漏风，温度下降了 100℃，压力升高到 30Pa；1～5 车位哈风闸没有用起来，故最负的压力点在 6 车位。

图 6-10 为一个大断面窑的压力曲线。

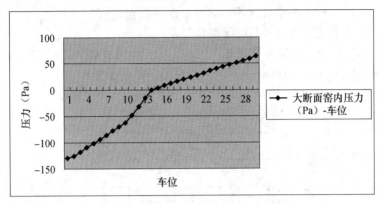

图 6-10　大断面窑内压力（Pa）－车位曲线

图 6-11 压力曲线对应的大断面窑对应的图 6-11 温度位置曲线。

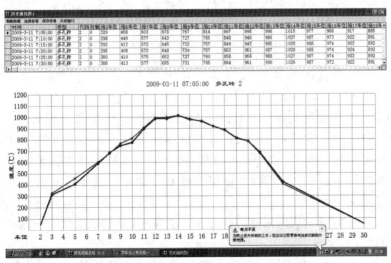

图 6-11　大断面窑对应的温度—车位曲线

零压点在 14 车位，最高温度点在 14 车位；最高温度车位两车的压力差为 4～5Pa/m，每车位压差 17～25Pa（抽烟风）；低温鼓风端为 5～8Pa/车位（送热风＋抽烟风）。

（6）砖瓦窑焙烧火带、火速、层面温差关系

①隧道窑的火带与层面温差关系

小断面隧道窑在高负压 -320Pa 下，抽风时插入顶部 3cm 的顶部风温与插入顶部 60cm 的顶部风温的差距如图 6-12 所示。

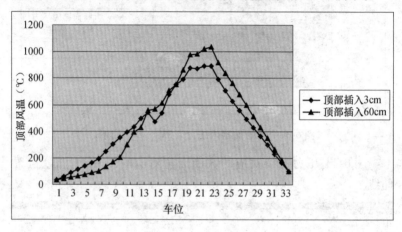

图 6-12　顶部风温曲线图

顶部负压和顶部风速影响测温带来误差，当负压达到 -320Pa 时，大风量，插入深度 3cm 时的情况：顶部最高车位温度比中部温度约低 100℃；在高温预热带，内掺煤开始燃烧，中部温度基本等于顶部温度；在低温预热带，中部温度低于顶部温度约 100℃～150℃，其原因是车底的风从低温预热带传入窑内和热烟气上升所致；在保温带和冷却带，顶部温度低于中部温度。

图 6-13 为大断面隧道窑上部、中部、下部的烧成时间—温度曲线：

在高温、低温预热段由于中部和底部预热温度低于上部温度达到 200℃～300℃，在高温预热段升温为上部 52℃/h，中部 81.5℃/h，下部 121℃/h；在焙烧段升温为上部 34.2℃/h，中部

140

71℃/h，下部 90℃/h；在保温段降温为上部 –77℃/h，中部 –84℃/h，下部 – 88.5℃/h；在冷却段降温为上部 – 56.5℃/h，中部 – 71.5℃/h，下部 –67.5℃/h。最高温度点火行速度上、中、下都没有落后，中部和下部温度基本相等，上部温度比中下部温度约低 85℃。

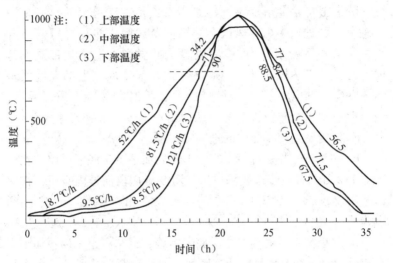

图 6-13　隧道窑上、中、下部烧成时间与温度曲线

顶部测温误差还与顶部空隙大小有关，顶部间隙 15cm 与间隙 35cm 的温度检测误差达到 60℃，间隙每增加 10cm，经验数据是顶部检测温度降低 30℃左右。

②隧道窑风速风压与层面温差的关系及解决焙烧生砖问题

砖瓦焙烧时，一般会出现火跑面下底慢和火跑底不上面的两种错误焙烧方法。例如，上部在 15 车位达到最高 950℃，下部在 17 车位达到最高 950℃，这种现象是上部火行速度快于下部，俗称火跑面下底慢；反之，上部在 17 车位达到最高 950℃，下部在 15 车位达到最高 950℃，这种现象是上部火行速度慢于下部，俗称火跑底不上面；轮窑焙烧时采用先烧底，再反火烧面是正确的方法。但是隧道窑如果采用先烧底的方法，由于隧道窑无法调节放热闸烧反火，就会出现面上生砖。隧道窑最好的烧法是上中下火速齐头并进，这样做不但产量高，而且煤耗也最低。

③火跑面不下底，底部出欠火砖的原因及解决方案

火跑面不下底的原因如下：

A. 冷风从车底吸入或者灌入窑内造成的火跑面不下底

隧道窑与轮窑焙烧不同的是车底冷风，隧道窑的车底是一个进风口，进入多少冷风就会被窑内负压吸入多少冷风（不开平衡风机和平衡闸），这些冷风多从低温和高温预热带进入窑内，使预热带热风向上，导致预热带底部温度比上部温度低多达 200℃～300℃，进入焙烧带后，底部温度落后于顶部温度，当落后达到 3 个车位以上时，底部出现生砖。解决的办法有：

a. 沙封密封窑车侧边的进风口；

b. 在从进车端起计算全窑的 1/4 处加一个车底隔风墙，在全窑的 1/2 处又加一个车底隔风墙，阻断负压段向窑内吸风；在保证车底温度低于 90℃ 的前提下，可以在出车端加一个车底隔风墙。

c. 在全窑 1/2 处加一个车底隔断墙，进车和出车端各加一个车底隔断墙，调节预热段的车底闸，或者调节预热段抽风车底平衡风机转速和冷却段的车底平衡闸，或者调节冷却段鼓风车底平衡风机转速，使车底冷风不进窑内，同时窑内高温烟气不窜到车底（防止烧窑车）。

需要说明的是，直通式隧道窑因为排潮段负压最高，车底的冷风绝大多数都从排潮段进入窑内，不会因为车底冷风导致火跑面不下底，没有冷风导致底温低的现象。移动式隧道窑没有车底，从原理上讲没有这个问题。

B. 风量小，风速慢，底部缺风，导致火跑面不下底

假设由于窑车的原因，车面气体温度比上中部温度低 50℃；热空气约以 0.5m/s 速度上升，风量正常时横向风速为 1.2～1.5m/s，所以风在隧道窑是以 20° 角向进车方向移动，车面供风基本均匀（图 6-14）。

图 6-14　窑内供风均匀

如果窑内供风不够，风量减小到30Hz以下的转速，风量减少一半，横向风速减小一半，上升速度不变，风向速度更向上，上升角度可达45℃以上。其结果造成窑车面温度比上部温度低，温差变大，燃烧也不如上部好，使下部温度更低，温差加大，形成恶性循环。热风飘上，底部供风不足，燃烧不好，层面温差加大，车面出欠火砖（图6-15）。所以"风大火下底，风小火跑面"就是这个道理。

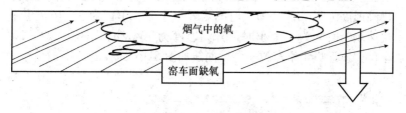

图 6-15　窑内供风不够

C. "远闸火下底，近闸放底火"

在风量足够的情况下，哈风闸离最高温度的位置越远，预热带预热的时间越长，预热带上下温度均匀，火下底；哈风闸离最高温度的位置越近，底部抽热多，底部预热时间短，导致底部温度低，火不下底。

④火跑底，窑面出欠火砖的原因及解决方案

火跑底是上部火行速度慢于下部火行速度，窑面出欠火砖的原理与火炮面的原理相同。顶部出欠火砖，车面不出欠火砖的原因是窑顶的风量过大，导致风带走的热量大，顶部温度下降。导致窑顶风量相对于窑底车面大的原因有：窑顶间隙大，上部砖稀；风机开得大或者哈风闸提得过高。对应解决的办法是：减小

143

窑顶的间隙，码砖做到上密下稀；或者减小风量（调低风机转速或者放低哈风闸）。

如果底部出欠火砖，窑顶出欠火砖，中部还出过火砖，其解决办法是调整码坯方式，中下部变稀或者顶部变密（堵住顶部空洞），同时火带后移，使底部预热时间变长，同时需要把抽热闸关掉；抽热闸离最高车位过近，如果温度高，拉高抽热闸放火，也会出现中部出过火砖的情况。

如果整窑出欠火砖或者过火砖，温度低，烧成段顶部温度与底部温度基本相等，此时应该判断为内掺太低或者过高，需要增加内掺和外投煤或者减少内掺。

（7）干燥窑温度标准曲线设计

烘干窑预热升温速度设计为（5～7）℃/h，进入烘干窑砖坯的温度为25℃，需要烘干时间为8h，约8～9个车位升温；恒温排潮温度为70℃～75℃，时间为8个小时，车位为9～16车位；快速烘干时间为4个小时，升温速度为10℃/h，车位为17～20车位。设计烘干窑车位—温度曲线如图6-16所示。

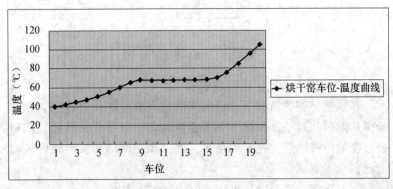

图6-16　烘干窑车位-温度曲线

排潮口的温度为45℃，位置在2～5车位，夏天进窑砖坯温度为40℃，在2车位排潮；冬天进窑砖坯温度下降到5℃时，为保证排潮口温度仍然在45℃左右，排潮口需移动到窑内温度为45℃的5车位处，从夏天的2车位移动到冬天的5车位，多用3

个车位来升温20℃以抵消气候下降的20℃。

6.4.4 自动焙烧系统温度控制功能

风量大小可控制燃烧，风既可以助燃，也可以灭火，其道理犹如水可浮舟，水也可沉舟。一定燃料下的最佳配风燃烧可以提高燃烧效率。系统检测多个车位温度形成的火带，按标准火带实现全窑温度场的控制。稳定在标准曲线下焙烧，实现高产高质的节能焙烧工艺。

6.4.4.1 焙烧标准的建立方法和原则

（1）建立焙烧标准方法

①系统提供自动建立焙烧标准的功能；

②人工修改标准：

A. 整窑砖过火，降低最高温度5个车位的标准温度；

B. 整窑砖欠火，增加最高温度5个车位的标准温度；

C. 降低标准温度，自动配风风量增加，火速加快，烧结时间将缩短；提高标准温度，风量将减少，火速放慢，烧结时间延长。

D. 当新换砖型进入最高温度车位时，选择该砖型对应的标准曲线进行焙烧。

（2）标准的设定原则

最高温度在±10℃内微调；最高温度车位在±2个内调整。

6.4.4.2 自动判定合格砖的原则

（1）顶车打铃过快应调高标准；

（2）顶车打铃过慢应降低标准；

（3）设定顶车底部温度低限和层面温差高限；

（4）设定顶车顶部温度低限和控制误差判定限调节顶车快慢。

6.4.4.3 自动配风控温设定参数

（1）设定烧成最高和最低温度；

（2）设定风量高限和低限；

（3）设定预热带和保温带允许的偏差；

（4）设定烧蹲火（吊火）的最低风机转速；

（5）大断面的风机比例联动调节系数；

（6）设定过火砖和欠火砖报警温度。

上述参数设定好后，自动配风在最高和最低烧成温度范围内会根据窑内供氧、内掺、温度带的情况，自动加风或减风。

6.4.4.4　自动喷煤（投煤）控温设定参数

（1）顶温喷煤温度：顶温低于该温度，喷煤或者提示投煤；

（2）底温喷煤温度：底温低于该温度，喷煤或者提示投煤；

（3）喷煤时间：自动启动喷投煤机运行达到该时间间隔后，自动停止喷投煤；

（4）停止喷煤间隔：上次喷投煤完成后计时，计时达该间隔时，做第二次喷投煤温度比较和控制加煤。

6.4.4.5　车底风压平衡调节

给定平衡风压差后，计算机将自动调节平衡风机，使窑内风压和车底风压的差值在给定的范围内。

6.5　使用范围

砖瓦焙烧自动控制系统主要用于焙烧隧道窑，包括一次码烧的直通窑、干燥焙烧并列的一烘一烧隧道窑、多烘一烧的隧道窑、二次码烧隧道窑的自动监测和自动配风控温，自动喷煤粉升温，自动判定合格砖和焙烧工艺管理。

对轮窑可以监测记录显示每门最具有代表意义位置的温度，也可以对二次码烧烘干窑实现温度监测。

对干燥窑能实现烟温和车位温度、压力的自动监测，对温度小于80℃的车位，可以在不产生冷凝水的情况下做湿度检测，风压和风量监测。

6.6　自动系统的架构

为解决焙烧过程使用问题，砖瓦焙烧自动控制系统配有远程联网设备，使投运的每套焙烧窑都与设在成都的远程焙烧节能服务中心联网，为用户实现焙烧工艺参数设定，优化和技术服务。同时还可以给用户提供一个可用计算机实现无地域概念的远程焙烧监控管理的手机网接口，如图6-17所示。

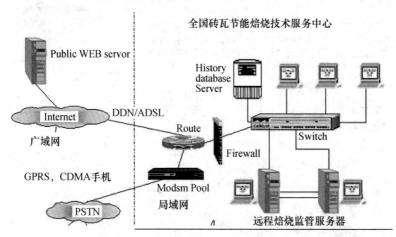

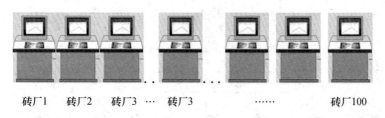

图6-17　全国砖瓦远程网络焙烧监控系统

（1）每台控制1~2条焙烧窑检测干燥窑的就地控制基本系统结构（图6-18）：

（2）配有厂级信息集中管理，砖瓦厂集中分散型（DCS）监控管理系统监控多条生产线（图6-19）。

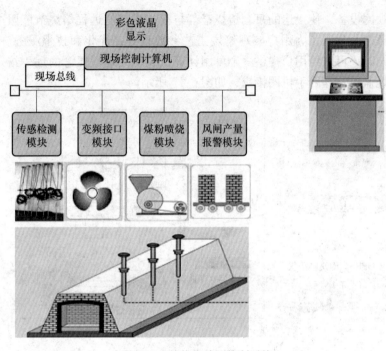

图 6-18 焙烧窑检测控制系统

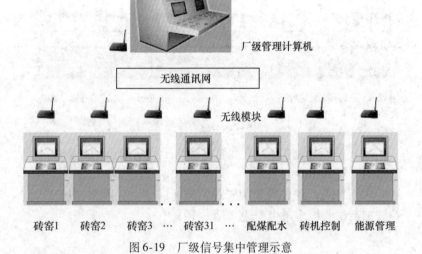

图 6-19 厂级信号集中管理示意

（3）与厂级管理计算机网格相接，形成砖瓦厂集中分散型（DCS）网络监控管理系统（图6-20）。

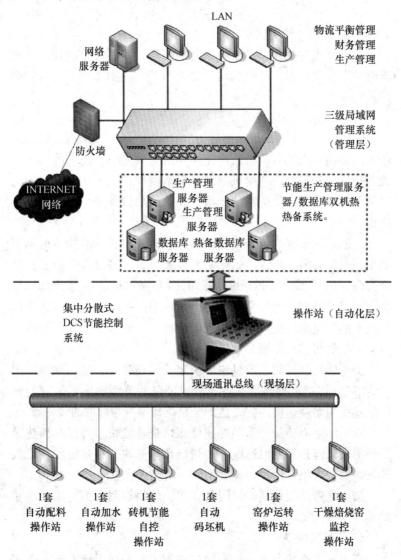

图 6-20　砖瓦厂集中分散型（DCS）管理系统

6.7　自动焙烧的使用要求

（1）自动打铃与顶车

顶车间隔时间大于最短顶车时间间隔，同时火带回到上车顶车时的车位温度时，计算机将会自动打铃，提示顶车，打铃后必须及时顶车。

（2）预热带与焙烧带

"顶车"使所有火带向出砖方向移动，"风"使所有火带向进砖方向移动。需要调整哈风闸使预热带的升温与焙烧带的火速一致，预热带升温快慢与哈风闸形、风量密切相关，焙烧带升温与内掺和配风有关。焙烧窑的产量主要由预热带和焙烧带的变化来决定。

①湿砖坯进窑时，产量主要决定于预热带：一般拉桥形闸使低温预热带升温变慢，若烘干窑需要大风量，可以揭开低温预热带火眼，风量加大使烘干加快；但揭开火眼也使高温预热、焙烧、保温、冷却带的风量减小，火速减慢。一般来说，用调节揭开火眼的数量来匹配烘干和焙烧的速度，用调节桥形闸的开度和位置来达到焙烧窑排潮和预热效果。

②干砖坯进窑时，产量主要决定于焙烧带：一般拉顺梯形闸（远闸高）以提高预热带火行速度，可以调节顺梯形闸的开度使预热速度与焙烧速度匹配，达到全窑焙烧温度与标准曲线一致。

在烧结空心砖时，若预热速度比焙烧速度快，可以在预热带拉桥形闸减慢预热升温速度。若焙烧比预热快，在高温预热段揭开适当数量火眼，使预热速度不降，焙烧火速减慢。

按预热带温度调整哈风闸和火眼，焙烧控制变为更加准确和简单。

（3）配风控制

在正常工作状态下，可采用自动为主、手动为辅的配风操作方式，即当明显感觉风量偏小或者偏大，可以打到手动，调大或者调小风机后，再打到自动，计算机将跟踪人工调节的风量，在此风量基础上实现自动配风。

6.8　常见焙烧不正常情况的预防和处理

6.8.1　实现高产应解决的问题

（1）进窑砖坯对产量影响

当进窑砖坯含水率高于6%时，必导致拿出焙烧的预热段来烘砖，预热速度变慢，产量下降，稀码快烧时要求砖坯含水率低于2%；若砖坯密实度高，则空气进入砖坯的微孔小，砖坯接火慢，导致产量低、煤耗高；若砖坯成型含水率高，则烘干时间长，导致耗热多，产量低。

（2）错拉哈风闸和错揭火眼将导致产量低

没有根据温度灵活选用闸形，预热速度与焙烧不匹配，预热温度高、速度快，焙烧慢，预热带相对焙烧的风量大，将产生预热爆坯和裂纹；预热温度低速度慢，焙烧快，预热相对焙烧的风量小，导致火不下底，产量低；长期揭开预热带火眼焙烧，导致焙烧风量小，产量低；揭开焙烧保温带火眼，当温度降下来后，仍不盖上，将导致火速减慢，产量低；最高温度点车位离抽热哈风闸位置近，错用放热哈风闸，则造成中部过火，火速减慢，产量低；焙烧温度高时，只揭高温预热段火眼，不揭开焙烧段和保温带火眼，导致砖烧焦更加严重；温度超高时不是首选加风，或者揭开火眼同时加风，或者加大抽烟风断掉供氧风机（出砖门上装有冷却风机），或者加沙断氧同时再逐渐减小抽烟风机断氧降温，都会造成温度超高时的处理错误，出现焦砖、熟倒等现象。

（3）不按火带而单纯按时间定时顶车，是导致大多数砖厂煤耗高，空心砖、多孔砖单位产品煤耗高于标准的原因。顶车时间快于火速，火带逐渐后移；顶车慢于火速，火带逐渐前移。

（4）内掺配比误区

内掺不随码窑密度增加而减少，也不随码窑密度减少而增加，用一种内掺量烧到底，用码窑密度改变来将就不变的内掺，是一个错误结论。码窑一改密，就出焦砖，一改稀就出生砖。长期高内掺稀码快烧，或者长期密码慢烧，都是煤耗高产量高或者煤耗低产量低的错误的焙烧方法。

（5）顶部和两侧间歇大，产量降低

改变码车方式，使顶部间歇一般在 150mm，侧墙间歇在 100mm 以内。当顶歇面积与侧歇面积之和小于总通风面积的 35% 时，窑内层面温差小。中间风缝的宽度和与侧歇宽度和应基本相等。当顶部间歇大，中部通风面积相应增加与之匹配，尤其是顶部间歇大到 250～350mm 的时候，火不下底，火速慢，中部焦砖，两边欠火；侧歇间歇达到 150～200mm，两侧底部出现生砖。

（6）车底漏风产量降低

车底漏风解决办法有：修沙封、加粗沙、车底加隔墙；调节车底风机转速或者调节平衡闸开度。调节车底和窑内压力平衡时需要在适当的车位处加隔墙。

（7）配风错误导致产量降低

在一个顶车时间内，如果顶车后是高温预热带温度增加，保温带温度下降，而且高温预热带升温快和保温带降温快，而且速度相等时，窑内供氧最佳，富氧高温快烧，产量高；

在顶车后前50%的时间内高温预热带升温慢，保温带升温，后50%的时间高温预热升温快，保温带变成降温，且速度相等，能够在要求的顶车间隔内，火带移动回位，可以认为窑内供氧与燃料匹配。

富氧高温快烧和中氧焙烧的烧法和用风，都是推荐的烧法。低产一定高煤耗。高产可能是低煤耗，也可能是高煤耗。当煤耗高过风机抽热的能力时，高煤耗也会带来低产。

前火不走，后火不降的一个原因是窑内高温预热段缺氧，有限的氧只够保温带剩余的煤燃烧，前火不走，产量低。解决办法

152

是加大风量。

前火不走，后火不降的另一个原因可能是无烟煤内掺或者砖的密实度高，料太细。因为无烟煤的燃点500℃~700℃，有烟煤的400℃~550℃，使用高燃点无烟煤内掺最好加有烟煤作引火煤；砖的密实度高导致砖坯内部燃烧缺氧。

6.8.2　自动焙烧解决焙烧工艺问题，实现节能高产

（1）自动焙烧解决的工艺问题

①计算机按火速和时间判断顶车，操作应及时顶车；

②计算机自动配风，火速快，产量高；

③计算机按设定温度自动启动磨煤喷粉机投煤，提升窑温温度，快速升高底部温度。

（2）实现节能高产的措施

①在风机功率允许的范围内，不降低火速的情况下，适度的密码，可以降低每块砖的煤耗，密码10%，风量加大10%，产量不降低，内掺降低5%，节能5%。

②适当降低成型塑性，使砖坯成型水分减少；也可以利用自然干燥，在窑车上晾干24小时来降低入窑砖坯水份。降低进入干燥窑砖坯的含水率4%，节约烘干热量风量，节能10%。

③建立节能体系：完善节能系统，制定节能制度，落实节能目标，定期节能检查，加强节能管理。砖厂节能潜力至少10%。

6.9　节能高产案例

湖南湘潭金鼎砖厂使用利马高科（成都）有限公司的95m/2.5m断面隧道窑自动焙烧设备增加产量34%；节煤17%（由原来最快的40min/车加快到27min/车，空心砖300cal/kg砖）；天津国环使用利马高科的133m/6.9m大断面隧道窑自动焙烧设备加上窑炉风机和窑体保温改造，快烧增加产量30%，节煤18%（达到70min/车，KP1多孔砖，从370cal/kg降到270cal/kg砖）；

徐州唐基砖厂使用自动焙烧设备后从每天 25 车砖增加 40 车砖（多孔砖和空心砖，3.3m 断面，90m 窑），内掺从 400cal/kg 降低 300cal/kg；四川西昌国成砖厂使用自动焙烧设备加磨煤喷粉机，节约外投煤从 1600kg/d 降到 900kg/d，年节约外投煤 250t（一条 2.5m 窑）以上。四川宜宾恒旭集团的移动式隧道窑使用利马自动焙烧设备，单位产品煤耗 302cal/kg 砖，比国家一级煤耗 350cal 还节煤 13.7%。

后语：老砖头的心愿

余从事烧结砖行业四十余年，积其经验深感欲振兴中华砖瓦必须以科学发展观武装基层企业之头脑，具有六千年历史之中华砖瓦在科学技术之推动下走向节土利废、节能减排、大块空心、质轻坚实之方向快速前进，赶上世界先进水平。抛弃小作坊之理念，树立大企业之意识，抛弃传统纯经验主义和繁重的手工操作，迈入机械化自动化之科学世界。以现代科技改造古老之砖瓦，使之由繁重的劳动密集型行业向机械化自动化方向发展，由高能耗产业向节能环保型产业发展，由毁田烧砖向烧砖节地造田方向发展；由实心、小块、重型、向空心、大块、轻型保温方向发展。此"老砖头"心愿之一也。

市场决定产品，产品引导市场，其为密不可分的一对，规范市场已成为烧结砖发展路上的巨大的无形拦路虎。

烧结砖市场点多、面广、量大。据统计目前国内烧结砖仍占墙材总量八成以上，可谓举足轻重。但市场极不规范，在利益驱动下，不少用户只求价廉，不问其他，或曰"外面水泥砂浆一抹什么也看不见"，掩耳盗铃自欺欺人，以至伪劣产品充斥市场，优质产品更不能优质优价。有识之士投入大量资金建成的现代化烧结砖厂难以为继，而国家三令五申严令淘汰之小型砖厂、地沟窑、无顶轮窑、吊丝窑的高能耗大污染之窑炉及伪劣产品招摇过市，还以其"投资少、见效快、价格低"以牺牲环境为代价，换取个人之利润，不知烧结砖国家标准者大有人在，以致想投入资金进行技改者不敢投入，想开发新产品者不敢开发。时至今日，在有些省会城市，上述应依法淘汰之砖厂数仍占五成以上，以致大投资、高起点的央企砖厂进退两难。

因此，规范市场给烧结砖厂以一个有序的市场环境，实为"老砖头"心愿之二也。

当前已步入信息时代，各国经济洪流也不可避免地汇入世界经济之洪流，跨国公司比比皆是，"船小好调头"亦并非优势，即如砖瓦行业奥地利的"维也纳山"，在全球各地建有数十家工厂，年产值数十亿美元。公开宣称其产品之使用寿命为二百年，虽不及"秦砖汉瓦"，而当前国产红砖已望尘莫及，依靠其先进工艺、设备管理、巨大的生产能力、极高之劳动生产力称霸于世界。在国内，改革开放以来，年产逾亿块（折标）之砖厂已如雨后春笋并以产品优、性能优异、机械化自动化程度高、设备精良、自动码坯、计算机控制、电脑焙烧，使其用工少、效率高、能耗低等而突显其优势。如秦皇岛晨砻生产的多孔砖、空心砖漂洋过海远销日、韩及南太平洋诸国，或曰此等企业投资过亿无法相比，则通过资产组合，团结奋战当可免孤军作战而惨遭淘汰之灾。此"老砖头"心愿之三也。

余年逾八旬，砖龄也有四十七年，近年视力严重减退，完全丧失阅读之能力，常以饱食终日无所用心而叹息，幸尚未昏庸，每当有电话咨询，立即精神焕发给以尽可能地详尽解答，并嘱"改进之后请把情况告之，以便更上一层楼"。盖以四十余年来已与砖头结下深厚之感情，总以为自己不过是一块砖头，也心甘情愿地当一块普普通通的砖头，更衷心地希望在有生之年永远是一块对社会有益的砖头。此亦是老砖头多年的心愿也。

如本书能对行业同仁有所帮助，则"老砖头"的心愿足矣！

曹世璞

2012. 5